"GESTION DE FERTILIZACION RACIONAL DE LOS SUELOS"

Incluye Hoja de Cálculo de Fertilización Racional
SAA-v3.1 y otros.

I0480428

AUSPICIADO POR EL:

Grupo Hidro-ecológico Nacional, Inc.

(GHeN)

JUAN NICOLAS FAÑA B.
EDICIONES GHeN – 2020

GRUPO HIDRO-ECOLOGICO NACIONAL, INC.

DEDICATORIA:

A todos los que cuidan y trabajan la tierra.
Con el deseo de aportar nuestro "granito de arena".
Y ayudar a preservar la calidad y productividad de los suelos...

CONSERVAR EL AMBIENTE Y LA CALIDAD DEL AGUA,
ES PRESERVAR LA VIDA

- J. N. FAÑA -

PRINCIPIOS GHeN

EL PRINCIPIO DE LA ECOLOGIA PREVENTIVA: "Siempre es más económico, simple y viable prevenir cualquier contaminación o degradación ambiental; que corregir la naturaleza dañada o trastornada".

EL PRINCIPIO DE LA ECOLOGIA RACIONAL: "Siempre preferiremos expresarnos a partir de investigaciones lógicas; y no influenciados por ideas preconcebidas y basadas en concepciones puramente antropocéntricas, tecnocéntricas, ni ecocéntricas".

Grupo Hidro-ecológico Nacional, Inc.®
Titulo: Fertilización Racional de los Suelos

809 350 1130 ∗ República Dominicana

informacion@grupoghen.com
República Dominicana

Fertilización Racional de los Suelos

Y

Software de Fertilización Racional, SAA-v3.1

PROLOGO

La situación actual de los recursos naturales en la República Dominicana y muchos otros países del mundo, amerita un análisis y tratamiento exhaustivo, con el fin de diseñar y ejecutar acciones tendentes a detener o revertir, entre otros: los factores contaminantes, la erosión y la degradación de nuestros suelos.

La degradación que actualmente se verifica en los suelos de la mayoría de los países en vías de desarrollo, implica un futuro que se prevé difícil para las generaciones del presente y las que vendrán a sustituirnos, si no se cambia la situación. Esto es así, puesto que el porcentual agrícola de los suelos ha disminuido, a pesar del uso intensivo de fertilizantes químicos; y si no se hace algo para revertirlo, continuará disminuyendo considerablemente.

Los suelos desempeñan una función importante, ya que contribuyen en grado muy significativo a satisfacer las necesidades básicas de la humanidad. El mal manejo de ellos; y el uso de una fertilización química irracional podrían tener repercusiones sociales, económicas y ambientales que afectarían el equilibrio de la flora y la fauna nacionales, lo que contribuiría a profundizar la pobreza y a estancar el desarrollo de las naciones.

Conscientes de la urgente necesidad de estimular una mayor producción agrícola racional y sostenible, consideramos impostergable la formulación y ejecución de proyectos, planes y programas, elaborados tanto por instituciones públicas como privadas, que tiendan a mejorar los sistemas de fertilización de nuestros suelos agrícolas.

Estos programas, planes y proyectos deben incluir:

Un control lógico y verificable en el uso de fertilizantes químicos, a partir de softwares que relacionen las informaciones de estudios de suelos agrícolas, o de tablas o ecuaciones que resuman estudios relativos a los cultivos en cuestión; sobre todo cuando no se ha realizado un análisis de suelos o foliar previo.

Además, el uso alternativo y/o complementario de materiales orgánicos; como estiércol, aserrín, paja de arroz, cenizas, residuos orgánicos en general de origen animal o vegetal, para mejorar la calidad de los suelos.

El texto "Fertilización Racional de los Suelos" y el Programa que le acompaña "SAA-v3.1", desarrollados por el Ing. Juan Nicolás Faña (que es un acucioso investigador, también en el área agrícola) es un recurso que se orienta en este sentido, por lo cual nos complace recomendar su promoción y uso entre los interesados en la utilización sostenible de los suelos.

Fausto Humberto Cabrera Morel.

Lic. en Ciencias Agrícolas. Lic. en Educación.
La Lomota; Cordillera Septentrional, República Dominicana

FERTILIZACIÓN RACIONAL DE LOS SUELOS

Para el Uso Sostenible de la Tierra.

ANTECEDENTES.

Importancia de los Suelos.

Hay tres sustancias vitales para los seres vivientes y específicamente para la raza humana: el aire, el agua y los suelos. La vida del hombre depende de los suelos; y la conservación de la calidad de estos en gran medida depende del hombre y del buen o mal uso que éste hace de ellos.

La desaparición de grandes civilizaciones: Egipcias, Medas, Mayas, Aztecas etc. ha coincidido sensiblemente con las degradaciones de las calidades de sus respectivos suelos y fuentes de agua; y "Uno de los principales componentes de la degradación del medio ambiente es el agotamiento de los recursos de agua dulce de la Tierra". *("Degradación ambiental." Wikipedia, La enciclopedia libre. 24 abril 2020, 21:27 UTC).*

Consecuentemente, a la degradación de las aguas le sigue la de los suelos. Conservar la calidad y cantidad de esos recursos potencialmente renovables es preservar nuestra propia vida y la de nuestros descendientes, pués los pueblos que no recuerden su propia historia (y la ajena) se verán compelidos a repetirla o sufrirla dolorosamente.

Concepto de Suelo.

La concepción que se tiene respecto al suelo depende en gran medida de la inter-relación que se tenga con éste. Un agricultor, un ingeniero de carreteras, un minero, una ama de casa, una oficinista, etc.; tendrán una idea diferente respecto a lo que es el suelo

Por esto y porque aparentemente abunda, no se le da regularmente, la importancia que amerita. Para nuestros fines, el suelo es el medio del que se sostienen y alimentan las plantas, las que a su vez sirven para preservar la vida de los animales irracionales, y de los racionales que somos nosotros (a veces).

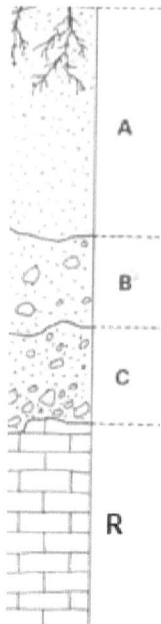

Consta, de arriba hacia abajo, de una "capa vegetal" constituida por materiales sueltos no consolidados intemperizados por la lluvias, los cambios de temperatura, el viento y la labranza. Además contiene residuos vegetales y de animales, incorporados, desintegrados o descompuestos por lombrices y microorganismos. (Capa A)

Esta primera capa está caracterizada por un alto contenido de materia orgánica, una abundante presencia de micro- organismos benéficos, una meteorización interna y disposición en sub-capas horizontales (suelo superficial, sub-suelo o capa B) relativamente bien definidas, cuya fertilidad se va degradando de arriba hacia abajo.

La tercera capa (C) se denomina regolito inferior que es casi-infértil y la cuarta capa (R) es el lecho rocoso completamente infértil.

El espesor de la capa vegetal puede ser desde unos pocos centímetros hasta pocos metros, la profundidad del regolito inferior varía entre centímetros hasta centenares de metros.

<u>Suelos Cultivables.</u>

El suelo cultivable es la capa vegetal superior de la cual las plantas extraen gran parte de su alimentación. (Básicamente, Nitrógeno, Fósforo y Potasio, pero además en cantidades muy ínfimas, denominadas micro-nutrientes; Boro, Magnesio, Calcio, Azufre, Hierro, Manganeso, Cobre, Cinc y Molibdeno, etc.). Del aire y el agua, especialmente, obtiene los gases "respirables": Oxígeno y Dióxido de Carbono, que completan su alimentación.

Conforme se obtienen las cosechas, los suelos se van poco a poco degradando, es decir van cediendo los elementos que le sirven de alimento a las plantas y para recuperar su capacidad deberán ser fertilizados.

FERTILIZACIÓN.

Introducción.

La nutrición de las plantas se realiza a expensas de los recursos alimenticios que posee el suelo que las sostiene y de los que puedan aportarse de fuentes externas a éste, como los fertilizantes, y nutrientes provenientes del aire y el agua. El volumen del crecimiento y/o producción que se obtiene depende directamente de esos recursos.

El costo de los recursos externos, que pueden aportarse al suelo para incrementar la producción que la creciente población humana necesita; añadido al peligro de los efectos secundarios que suelen presentarse cuando esos aportes se hacen irracionalmente (por ejemplo la salinización y el descontrol de pH) hacen previsibles que se tendrá que elevar la calidad de los suelos del mundo, mediante métodos cada vez más racionales o naturales.

Se reconoce amplíamente que para mantener un nivel eficiente de producción después de extraidas un determinado numero de cosechas (a veces solo una) es necesario suministrar o reponer los elementos nutritivos que ha perdido el suelo.

A este proceso se le llama **Fertilización,** el cual será racional cuando los elementos repuestos sean los verdaderamente requeridos; dependiendo del tipo de plantas cosechadas, del rendimiento esperado y del análisis de los elementos que están presentes en el suelo y el agua de irrigación antes de la fertilización.

También es racional cuando el proceso de fertilización se realiza usando materiales orgánicos, simples o reconstituidos; tales como los que se obtienen a partir de desperdicios orgánicos como hojarasca, cáscaras, cascarillas, pulpas, gallinaza, cerdaza, murcielaguina, etc.; a los cuales se les agrega, para reconstituirlos o enriquecerlos, componentes nutritivos de los que carecen (por ejemplo : Potasio a partir de cenizas, Nitrógeno a partir de urea, Fósforo a partir de orina o harina de huesos, etc.).

Fertilizantes Químicos.

El incremento de uso de abonos o fertilizantes químicos nitrogenados ha ayudado al aumento de la producción de alimentos, pero han traído consigo, sobre todo cuando se usan ilógicamente, una nueva serie de problemas, tales como su incompleta incorporación al suelo y al ciclo vital de las plantas, contaminación de aguas superficiales y subterráneas, salinización, etc.

Se ha determinado que las plantas solo usan un promedio de 65% del Nitrógeno de los fertilizantes químicos y a veces el aprovechamiento baja hasta un 50% y menos. Lo mismo puede decirse del Potasio; y del Fósforo a menor escala. El reducir estas pérdidas de tiempo, esfuerzo, dinero y recursos minerales es un verdadero problema que hay que agregar al de la acidificación, a las variaciones en la actividad fisiológica de parte del humus del suelo a causa de la intervención de químicos externos, y al descontrol del pH del suelo.

Un gran problema es el olvido de la necesidad que tienen las plantas de poseer reservas de materia orgánica que sirva de habitat para la biodiversidad activa, que contribuya al aprovechamiento máximo de cualquier tipo de abono y a la propia fertilidad.

Además, conforme con estudios de Mitsherlich (Alemán) y Spillman (Norteamericano) la adición de fertilizantes químicos (factores de crecimiento de las plantas) por encima de un límite, no produce ningún efecto práctico y por lo tanto la sobre-fertilización química no es más que una irracional pérdida de tiempo y dinero y una despreciable oportunidad para dañar los suelos y matar bacterias benéficas.

Por eso propugnamos por una METODOLOGÍA DE FERTILIZACIÓN RACIONAL.

La referida metodología debe tomar en cuenta los siguientes factores, para una fertilización lógica de los suelos:

Preliminares: Conductividad, pH, y determinación de la Clase de Suelo (ácido, alcalino, salino o sódico).

Disponibilidad de Micro-nutrientes en función del pH.

Determinación de la Textura del Suelo.

Recomendaciones para la corrección del pH si procediere.

Determinación del Requerimiento de Nitrógeno (Tomando en cuenta el Máximo Rendimiento Económico del cultivo en cuestión.

Determinación del Requerimiento de Fósforo y Potasio.

Fórmula de Fertilización a Usar (Formulación del Abono a Aplicar por Tarea, por año)

Opcional: Análisis de Propiedades del Agua de Regadío, si procediere; e inclusión de los nutrientes aportados por ésta al proceso de fertilización.

El Software SAA-3.1 que usted puede obtener, junto a otros valiosos recursos que le acompañaran, ha sido desarrollado conforme con estas consideraciones.

Los lectores interesados en tener esta herramienta informática solo tienen que solicitarlo al correo electrónico information@grupoghen.com y se enviará a su email junto a todos los recursos informáticos mencionados en el texto.

Fertilizantes Orgánicos Reconstituidos o Enriquecidos.

Los fertilizantes orgánicos son los constituidos por materia orgánica descompuesta, triturada o digerida por procedimientos físico-químicos y/o por la acción de micro-organismos, lombrices y otros agentes de la diversidad biológica del suelo. Dicha materia orgánica procede de tejido vegetal o animal; por ejemplo de la hojas, tallos, frutos, cáscaras o raíces de plantas superiores; de arbustos, hongos, hierbas, algas, partes de origen animal, estiércol, orina, pulpas, cenizas, etc.

Se denominan Fertilizantes Orgánicos Reconstituidos (o Enriquecidos) cuando se mezclan los fertilizantes orgánicos con uno o varios compuestos minerales como la urea, compuestos fosfatados o potásicos.

Muchos técnicos e investigadores prefieren éstos a los simplemente orgánicos, porque así se pueden obviar las deficiencias nutricionales que suelen presentarse cuando solo se usan componentes "orgánicos". Además prefieren ligar varios materiales orgánicos de distintas procedencias, en vez de usar solo uno, con el objeto de aprovechar por ejemplo, que lo putrescible de uno proporcione un cultivo adecuado de bacterias desintegradoras y Nitrógeno al otro material, por ejemplo, rico en fibras pero carente de las cualidades del primero; y así sucesivamente.

EL ABONO ORGANICO

Para el Uso Sostenible de la Tierra.

Los abonos orgánicos ("Composting").

Ya sabemos que son los constituidos por materia orgánica descompuesta, triturada o digerida por procedimientos físico-químicos y/o por la acción de micro-organismos, lombrices y otros agentes de la diversidad biológica del suelo. Dicha materia orgánica procede de tejidos vegetales o animales; por ejemplo de la hojas, tallos, frutos, cáscaras o raíces de plantas superiores; de arbustos, hongos, hierbas, algas, partes de origen animal, estiércol, orina, cenizas, etc.

Evolución histórica.

Desde la antigüedad se ha estado empleando la materia orgánica en forma de humus para mejorar la calidad fertilizante del terreno. Hace mas de 4,000 años que en ciertas regiones de la India y de China se empleaba la práctica de mezclar la materia orgánica con la tierra.

El terreno agrícola, además de la propiedad fertilizante que requiere para el desarrollo normal de las plantas, debe retener la humedad y resistir a la erosión, propiedades que en buena medida las proporciona el humus orgánico y por consiguiente hay que destacar que el proceso de digestión bacteriana conduce a dos finalidades básicas: a) disposición final sanitarias de los residuos sólidos biodegradables, y b) producción de humus estable aprovechable en la agricultura.

Todos los métodos o procedimientos antiguos para transformar la basura tuvieron su origen en la necesidad de obtener un humus utilizable para mejorar el terreno, aunque sin que se tuviera en la mente en esas épocas, sobre la posibilidad de que podrían constituir un sistema de eliminación de desperdicios. Estos métodos antiguos fueron regularmente anaeróbicos.

Sistema de fermentación o digestión bacteriana ("Composting").

El tratamiento de residuos sólidos a través de la digestión bacteriana es un método que en términos generales se define como la descomposición biológica de la materia orgánica tendente a obtener un humus estabilizado que puede ser utilizado para mejorar los terrenos dedicados a la agricultura.

Consideraciones generales y factores que intervienen en el proceso de digestión bacteriana.

La transformación de la materia orgánica se efectúa debido a la actividad de ciertos microorganismos, tales como actinomicetos, bacterias y hongos, siendo las bacterias las que desempeñan el papel principal. La transformación puede realizarse en condiciones aeróbicas, es decir, en presencia de oxigeno, o anaerobias, en ausencia de oxigeno.

Parece que las condiciones aeróbicas son las más aconsejables, (aunque el proceso es más caro y requiere mayor cantidad de mano de obra) ya que el tiempo requerido para el proceso se reduce de varios meses a varias semanas, dependiendo de las condiciones, y no presenta problema derivado de olores y gases.

Aunque en la digestión anaerobia o cuasi-anaerobia esto puede evitarse agregando capas de tierra, intercaladas entre capas de materia orgánica. El proceso puede realizarse a temperaturas mesofílicas (25 a 45° C.) o termofílicas (60 a 80° C.)

En la práctica, la mayor parte de los procesos se efectúan a temperaturas termofílicas. Todo método de digestión bacteriana debe tender a reunir los requisitos para el proceso sea lo más rápido, completo y sanitario posible, con base en los siguientes fundamentos:

. Posibilidad de extracción de algunos materiales no digeribles (tales como metales, vidrios, loza, plásticos, etc.);

. Mezcla uniforme de basuras y elementos orgánicos;

. Preparación de la mezcla de modo que presente las mayores facilidades para la invasión y desarrollo de bacterias y microorganismos;

. Periodo de descomposición y estabilización en condiciones optimas.

Humedad.

Es unos de los factores mas importantes en el proceso de digestión, ya que si esta es muy baja, los microorganismos no se desarrollan, por no tener agua suficiente para su metabolismo, y si es excesivamente alta desplaza el aire al llenar los intersticios o huecos dejados por la basura, presentándose circunstancias propicias para el desarrollo de condiciones no deseables.

Destrucción de bacterias patógenas y parásitos

Los residuos sólidos tienen una cantidad de bacterias patógenas y parásitos peligrosos para el hombre, y por consiguiente, para que un proceso de compost sea satisfactorio desde el punto de vista de la salud debe lograr matarlos, destruirlos o inactivarlos, siendo esencialmente importante cuando se trata de un compost sembrado con lodos de aguas negras sin digerir, de letrinas sanitarias o con otras substancias altamente contaminadas.

La temperatura alcanzada en el proceso, hasta algunos centímetros por debajo de la superficie de la pila o muelle, es lo suficientemente alta (65-70º C.) como para matar las bacterias patógenas y parásitos, según se señala más adelante.

Teóricamente bastaría con una vuelta completa de la basura para conseguir el objeto deseado, siempre que la capa exterior pasase enteramente a ocupar la parte interior de la pila siguiente. Sin embargo dos o tres vueltas son preferibles, porque aseguran la muerte de los organismos de referencia.

Control de moscas. **Todo tipo de materia orgánica y en especial la basura, es un buen medio de atracción y procreación de moscas. Sin embargo, se ha demostrado que en un composting bien realizado y controlado no hay desarrollo de moscas en ninguna de sus etapas. No obstante, si el proceso no es operado técnicamente, puede existir un desarrollo similar al de un depósito de basura en campo abierto.**

Las moscas provienen de los huevos puestos en la basura en el punto de origen, en la recolección, transporte o en la planta misma del proceso, de tal modo que a la unidad de operación llega infestada con huevos, larvas o pupas en distinto estado de desarrollo, y por consiguiente hay que proceder inmediatamente a iniciar el proceso de composting.

Los estudios de la Universidad de California al respecto, han demostrado que ha pesar del considerable número de huevos y larvas existente en la basura que se sometió al proceso de digestión bacteriana, no hubo desarrollo posterior si este era realizado en forma normal, y la pila fue volteada cada dos o tres días. Similar situación fue observada en Dinamarca en instalaciones que incluyen trituración de la basura con un número reducido de vueltas y aun sin este tipo de aireación.

Listado de temperaturas y tiempos de exposición requeridos para matar algunos organismos, según investigadores diversos:

Salmonella tifosa. No se desarrolla por encima de 46º C. Muere en 30 minutos con temperaturas de 55 a 60º C. *

Salmonella Sp. Muere en 60 minutos a 55º C, y a 60º C. muere a los 15 o 20 minutos. *

Shigella Sp. Muere en 60 minutos a 55º C.

Escherichia coli. La mayoría muere en 60 minutos a 55º C., y a 60º C. entre 15 y 20 minutos. *

Entamoeba histolytica (quistes). Muere en pocos minutos a 45º C. y en pocos segundos a 55º C.

Thenia saginata. Muere en unos pocos minutos a 55º C.

Larva de Trichinella espiralis. Muerte rápida a 55º C. e instantánea a 60º C.

Brucela abortus o Br. Se mueren en 3 minutos a 62-63º C, y dentro de una hora a 55º C.*

Micrococus pyogenes. Muere en 10 minutos a 50º C.

Streptococus pyogenes. Muere en 10 minutos a 54º C.

Mycobacterium tuberculosis. Muere en 15-20 minutos a 66º C. *

*Coronavirus. Muere a los15 minutos a 92°C (Boris Pastorino) o 60 minutos > 60º C. *

Corynebacterium diphteriae . Muere a los 45 minutos a 55º C.

Necator americanus. Muere a los 50 minutos a los 55º C.

Huevos de ascaris lumbricoides. Mueren en menos de 60 minutos a > 50º C.*

* Poner especial atención a los señalados con asterisco.

La inactivación (total o parcial) de los microorganismos por calor se debe a la desnaturalización de proteínas y a la fusión de lípidos de membrana, debido a que se rompen muchos enlaces débiles, sobre todo los puentes de hidrógeno entre grupos -C=O y H2-N-.

Estos enlaces se rompen más fácilmente por calor húmedo (en atmósfera saturada de vapor de agua), debido a que las moléculas de agua pueden desplazar a los puentes de hidrógeno.

En la tabla observamos que la mayoría de los µorganismos se inactivan a temperaturas inferiores a los 100° C, a excepción de los organismos que se constituyen en bacterias esporuladas.

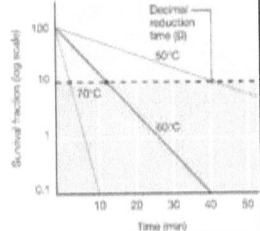

Tipos de Microorganismo Presentes en los residuos solidos	condiciones
La mayoría de células vegetativas, de bacterias, levaduras y hongos	80°C , 5-10 min
Bacilo tuberculoso	58°C , 30 min
Bacilo tuberculoso	59°C , 20 min
Bacilo tuberculoso	65°C , 2 min
Staphylococcus aureus, Enterococcus faecalis	60°C , 60 min
La mayoría de esporas de bacterias patógenas	100°C , pocos min
esporas del patógeno *Clostridium botulinum*	100°C , 5,5 horas
esporas de *Clostridium* y *Bacillus* saprofitos	100°C, muchas horas

Fuente: Microbiología General, Licenciatura de Biología, Universidad de Granada, Facultad de Ciencias-Enrique Láñez, 2005

información@grupoghen.com

Rangos más comunes de los componentes químicos del compost, proveniente del proceso de digestión bacteriana.

La tabla siguiente proporciona los límites de variaciones de los diferentes nutrientes del compost; o producto final del proceso de digestión bacteriana.

COMPONENTES	% EN PESO (seco)	PROMEDIO (%)
Materia Orgánica	25-50	37.50
Carbono	8-50	29.00
Nitrógeno (como N)	0.4-3.5	1.95
Fosforo (como P_2O_5)	0.3-3.5	1.90
Potasio (como K_2O)	0.5-1.8	1.15
Cenizas	20-65	42.50
Calcio (como CaO)	1.5-7	4.25

Aspectos económicos del producto de la digestión bacteriana de los residuos sólidos.

Antes de considerar la digestión bacteriana como un sistema satisfactorio de descomposición final de basuras, debe estudiarse cuidadosamente el mercado que tiene el producto final. Cuando el abono se puede utilizar en servicio propio o en propiedades municipales (jardines, parques, plazas etc.) o en terrenos agrícolas adyacentes a la planta o relativamente cercanos, el costo del transporte no representa un aspecto importante. Sin embargo, es un factor predominante y debe ser considerado con cuidado cuando el centro de gravedad de la zona agrícola que probablemente utilizara el producto esta lejos del lugar de producción.

Sistemas Abiertos a Aplicar

Fermentación al aire libre. Método Indore.

Consiste en amontonar sobre el terreno, o colocar en zanjas, capas de material de fácil descomposición al cual se da vuelta dos o tres veces durante el periodo. La altura de las pilas es de 1.50 m y el periodo de descomposición dura alrededor de seis a ocho meses.

Tuvo su auge en la segunda Guerra Mundial. En algunos sitios se hacen huecos para la aireación, pero en todo caso el proceso es esencialmente anaeróbico. El objetivo fundamental del sistema es producir abono y es muy usado en China, India, África del Sur. Se emplea también en Holanda, Australia, Inglaterra, El Salvador y otros, junto con residuos sólidos y lodos de aguas negras.

Por ejemplo, en la ciudad de La Serena (Chile), se acostumbraba a producir humus de los desperdicios domiciliarios con base en el principio de operación del sistema Indore. El método consiste en extraer las fracciones recuperables, papeles, huesos, vidrios, metales, etc. A través de una ligera selección mediante horquetas y palas.

El resto constituido fundamentalmente por desperdicios de comida, verduras y otros desechos domiciliarios, se amontona en pilas o "muelles" de forma más o menos trapezoidal, cuando se hace sobre el terreno (o rectangular cuando se hace en zanjas) con un volumen medio de 70 m3 de basura. La sección tiene aproximadamente 5 m de ancho en la base, 3 m en la parte superior y 1.50 m de altura, y la pilas se extienden en una longitud aproximada de 12 m. los desperdicios se van esparciendo en capas delgadas de 0.20 a 0.30 m y humedeciéndolos según experiencia del personal.

En las pilas se dejan enclavadas estacas de madera de 4" X 4" (o ramas gruesas de 4" de diámetro), las cuales, una vez retiradas, dejan los huecos que permiten agregar agua para mantener la humedad requerida en el proceso de fermentación.

Una vez que las pilas han alcanzado la altura de 1.50 m se dejan digerir por espacios de ocho meses, regándolas periódicamente. En el proceso, los desperdicios alcanzan temperaturas de 60 a 70º C. al cabo de este tiempo, las pilas se dan vuelta y el proceso continúa por un período adicional de dos a tres meses.

Posteriormente, el producto es cernido y utilizado en los predios agrícolas propios o vecinos. La experiencia demuestra que los problemas sanitarios que crea el proceso no son realmente importantes.

Se ha notado presencia de moscas, las cuales se controlan con insecticidas de bajo impacto ambiental, o rellenando con capas de tierra como se indicó arriba. Las ratas no son numerosas y los olores de la basura fresca desaparecen rápidamente.

El compostaje en zanjas es menos intensivo, más económico y con mejor control, respecto a posible contaminación ambiental. Se ejecuta siguiendo las mismas recomendaciones que para el compostaje en pilas. En este caso las zanjas deberán ser de un ancho entre 2 y 3 metros, para facilitar el volteo.

Para realizar una fertilización racional es imprescindible conocer las características agrícolas del suelo en cuestión, las cuales pueden ser investigadas en una institución especializada, o usando nuestros propios medios, mediante un laboratorio de campo.

En el Software SAA-3.1, tenemos un instrumento para determinar las características agrícolas, usando el promedio de los componentes químicos del compost (convertidos a partes por millón – ppm) o alguna fórmula química, pero usada racionalmente (sin excesos) nos servirá para aprender los requerimientos de fertilización y algunos conceptos básicos de investigación de nuestros suelos. Está disponible para los interesados. Escribir a: información@grupoghen.com y le será enviado junto a los demás recursos mencionados en el texto.

Ejemplo de Abono Orgánico Reconstituido que hemos usado

Tomando en cuenta las siguientes consideraciones:

. Que los suelos en RD generalmente son muy ricos en Potasio;
. Que los mismos, regularmente carecen de Fósforo;
. Lo difícil que es fijar el Nitrógeno por largo tiempo;
. La facilidad para conseguir algunos materiales en la zona cafetalera.
. Que los materiales lignificados (hojas largas, troncos, fibras, paja, etc.) producen mucho humus, pero exigen presencia del Nitrógeno que no poseen, para su pronta descomposición;

. Que los materiales de fácil descomposición, como la pulpa de café, producen poco humus pero son ricos en Nitrógeno y bacterias benéficas;

Y tomando en cuenta las consideraciones de los apartados precedentes;

Confeccionamos un abono orgánico reconstituido, usando los siguientes materiales y proporciones. (Para 200 libras húmedas):

110 Libras de Pulpa de Café.
30 Libras de hojas y tallos de maiz, picado.
30 Libras de aserrín de madera de pino
25 Libras de gallinaza.
5 Libras de ceniza (de leña)

Estos materiales se mezclaron completamente y se colocaron en zanjas o aboneras bien compactadas para su "digestión" cuasi-anaerobia, durante un período de 6 meses.

Finalizado ese período se hizo una mezcla de ¼ libra de urea por cada 10 libras de la mezcla orgánica, para incrementar la presencia de Nitrógeno; y se procedió a fertilizar las plantas (árboles jóvenes de limones persas, hemos fertilizado con excelentes resultados, a razón de 4 libras de este abono orgánico reconstituido, por planta/semestre, en dos aplicaciones –"Los limones de Faña / El Túnel de Altamira"- RD).

Las plantas de limones persas de 2½ años de edad, que recibieron el abono orgánico, reconstituido con urea, al momento de la fertilización, presentaron una mejoría en su crecimiento y aspecto general, pero además su producción, contabilizada a partir de los meses subsiguientes a la segunda aplicación (2lb/planta) fue muy superior; a la de las "plantas testigo".

Conforme con la misma experiencia, el desarrollo general de las "plantas testigo" fue notablemente limitado, respecto a las fertilizadas con el abono orgánico reconstituido. Además la producción de estas, en promedio, fue equivalente a solo un 36% de su potencial, al compararlas con las abonadas.

Pasemos ahora al análisis de nutrientes en los suelos

ANÁLISIS DE LOS SUELOS
Para el Uso Sostenible de la Tierra.

Extracción de Muestras de Suelo

Para analizar un nutriente especifico de suelo, generalmente se necesita extraer el nutriente de la muestra de tierra con un solvente (extractor). El análisis es realizado entonces en la solución que contiene la sustancia en cuestión.

La siguiente guía de extracciones, las cuales son utilizadas en el análisis de un determinado nutriente o parámetro, contiene un listado para la correspondiente extracción. Es importante usar la extracción indicada. Más de un tipo de extracción podría ser necesaria para una muestra específica.

Guía de Extracción

TIPO DE EXTRACION	SE USA PARA DETERMINAR:
Extracción Acuosa	→ pH
Extracción c. Sulfato de Calcio	→ Nitrógeno-Nítrico
Extracción Mehlich 2	→ Fósforo y Potasio

El Método de Extracción de Suelo Mehlich 2 es preferible para P y K por las siguientes razones:

.El método Mehlich 2 es una alternativa satisfactoria para la extracción de Fósforo de la mayor parte de los diferentes tipos de suelos.

. Este reactivo extraerá tanto o más Fósforo de la mayoría de los suelos que los otros extractores comúnmente usados, resultando en mayor desarrollo de color y por lo tanto se logra una mas exacta comparación visual del color.

.Otros Macronutrientes (Potasio, Calcio, Magnesio), son extraídos con Mehlich 2 permitiendo su certificación y la subsecuente determinación de su capacidad de intercambio catiónico y el porcentaje de saturación de bases.

información@grupoghen.com

*Para obtener la solución extractora Mehlich 2 comunicarse con HACH Company (P.O. Box 389, Loveland-Colorado 80539 USA.- Fax 1-970-669-2932 y hacer referencia al Kit NPK-1 que la trae como uno de sus componentes).

Preparación del Suelo

Muestreo, Secado, Triturado y Tamizado

El método siguiente es comúnmente usado para preparar las muestras de suelo para el análisis. Es aplicado para todas las clases de suelos. Los procedimientos están basados en las Recomendaciones para Procedimientos de Análisis Químicos de Suelos (revisado) Octubre, 1980 publicado por la estación experimental de Agricultura de Dakota del Norte, Universidad estatal de Dakota del Norte, USA.

Muestreo Idóneo de Suelo

Para resultados significativos, es de mucha importancia que las muestras de suelo sean representativas del área examinada. Dependiendo del tamaño del área de muestreo, se toman muestras del terreno a examinar y se mezclan en un recipiente limpio. Use una muestra de la mezcla que represente el área examinada. (Se deberían tomar antes de sembrar).

Las muestras (las cuales, tienen que ser aproximadamente del mismo tamaño) pueden ser obtenidas con un tubo barrenador de suelo o con una pala.

No tome muestras en lugares inusuales, tales como pilas de abono, pilas de cal, líneas de cerdos, etc. RECUERDE QUE LOS RESULTADOS DEL AREA A ANALIZAR NO PODRIAN ESTAR BIEN REPRESENTADOS CUANDO LAS MUESTRAS DE SUELO SE TOMAN DE ESAS AREAS. Información mas detalladas en relación al muestreo puede ser obtenida de la oficina local del representante autorizado, o de La Secretaria de Estado de Agricultura.

La preparación de la muestra consta de: secado, molienda, mezclado y tamizado.

Luego se obtiene una solución del suelo en agua destilada y el extractante recomendado, según lo indicado previamente; con un factor de dilución adecuado por el que habrá de multiplicarse el resultado obtenido del nutriente en cuestión. (Por ejemplo si la dilución es 1:5, el resultado debe multiplicarse por 5).

Estos pasos garantizan una muestra representativa. Secar las muestras al sol es preferible, en vez de secarlas al horno, pues aunque se emplee más tiempo de secado, los resultados obtenidos son más confiables. La molienda no es más que el desmenuzamiento de la muestra para eliminas piedras, plásticos, metales, huesos, etc. Cuando se tiene ya una muestra bastante homogénea se mezcla bien y se procede al tamizado en un cedazo o tamiz de 2 mm de abertura.

Filtración del Extracto de Suelo

Prepare el filtro para la filtración como sigue:

- Preparar la hoja de papel filtro doblándola por la mitad y después doblándola nuevamente. Separar un extremo de las otras tres para que se forme el cono. Ponga el papel preparado en el embudo.

- Abra el filtro de modo que muestre su cono. Chequee el papel filtro si tiene hoyos o rasgaduras, esto puede dar resultados incorrectos.

- Lave el embudo con agua des-ionizada y sacúdalo para eliminar el exceso de agua.

- Ubique el papel filtro en el embudo.

- Ubique el embudo sobre un frasco de muestras o sobre un vaso plástico para recolectar el extracto.

Obtención muestras de agua

El volumen mínimo recomendado para realizar el análisis es de un litro y tener cuidado para obtener una muestra que sea representativa. En algunos casos, muestras representativas se obtienen mezclando diferentes porciones recolectados en diferentes tiempos. La técnica de recolección y mezclado depende de las condiciones locales:

Muestras de una fuente bombeada cualquiera tienen que ser recolectadas 10 minutos después que haya sido puesta en marcha la bomba de suministro.
Muestras de arroyos serán tomadas aguas abajo de la corriente de agua, en caso de que tenga que entrar al cauce para el muestreo.

Por lo general entre más corta sea la diferencia del tiempo entre recolección y análisis de la muestra, más confiables serán los resultados analíticos. Los efectos de la actividad química y biológica afectara la composición de la muestra.

Use el siguiente procedimiento para obtener una muestra de agua:

- Lavar el contenedor de muestras 3 veces con el agua para ser analizada.

- Llenar el contenedor completamente con el agua para ser analizada y taparlo firmemente.

- Analizar la muestra tan pronto sea posible.

EXTRACCION ACUOSA PARA SUELO

Usada para: pH

Use el método de extracción acuosa para preparar la muestra de suelo para determinar el pH. La muestra de suelo no tiene que ser filtrada para la determinación de pH. La medición se puede hacer directamente en la suspensión.

Antes de hacer la extracción, secar la muestra y tamizarla hasta un tamaño de partícula de 0-2 mm usando el tamiz adecuado. Una preparación cuidadosa es importante para asegurar una medición volumétrica de la muestra de suelo.

PROCEDIMIENTO DE LA EXTRACCION DE ACUOSA

1. Usando una cuchara de medición de 5 g. medir 4 cucharadas de la muestra de suelo preparada y echarla en un vaso de precipitados de 50 mL.

2. Usando una probeta graduada de 25 mL, medir exactamente 20 mL de agua desionizada y transferirla al vaso de precipitados de 50 mL.

Nota: Para evitar confusión cuando trabaje con varias muestras rotular cada vaso de precipitados con el nombre de la muestra contenida.

3. Repetir los pasos anteriores 1-2 para cada muestra de suelo.

4. Usando la espátula agitar por un minuto el contenido del vaso de precipitados cada diez minutos durante un periodo de mas de 30 minutos.

Nota: Lavar la espátula con agua desionizada antes de agitar cada muestra.

5. Después de 30 minutos use la muestra preparada para determinar el pH.

EXTRACCION DE SUELO CON SULFATO DE CALCIO

Usada para: Nitrógeno-Nítrico

La extracción con Sulfato de Calcio es usada para extraer Nitrógeno-Nítrico de suelo y se puede usar para todo tipo de suelos.

Antes de la extracción, secar el suelo, después tamizarlo hasta un tamaño de partícula de 0-2 mm utilizando el tamiz adecuado. Una preparación cuidadosa es importante para asegurar una medición volumétrica de la muestra.

PROCEDIMIENTO DE EXTRACCION CON SULFATO DE CALCIO

1. Usando una cuchara para suelo de 5 g. Medir 2 cucharadas de la muestra de suelo preparada y verterla en una botella redonda de muestreo.

2. Usando la cuchara plástica de 0.1 g. añadir una cucharada rasa de sulfato de calcio a la botella de muestreo que contiene la muestra.

Nota: *Para evitar confusión* Cuando se trabaje con varias muestras *rotular cada vaso de precipitados con el nombre de la muestra contenida.*

3. Medir exactamente 20 mL. de agua desionizada, usando una probeta graduada de 25 mL. y verterla en la botella redonda de muestreo.

4. Repetir los pasos anteriores 1-3 para cada muestra

5. Tapar la botella y agitarla Vigorosamente por un minuto.

6. Filtrar el contenido de la botella Redonda de muestreo, usando el embudo plástico y papel filtro.

7. Analice el extracto dentro de un lapso de dos horas. Si esto no es posible, mantener refrigerada la muestra hasta 24 horas antes de analizarla.

Nota: *el análisis colorimetrito para Nitrógeno-Nítrico* Es sensible a la temperatura. Si la muestra ha sido *Refrigerada permita que la muestra regrese a la Temperatura del ambiente antes de analizarla*

PROCEDIMIENTOS PARA ANALISIS DE

Nitrógeno-Nítrico en suelo (0-60 ppm) Método: Reducción de Cadmio

Preparación (Usando un disco de colores para N03-N de HACH)

Colocar el disco de colores para Nitrógeno-Nítrico de alto rango en el comparador de colores. Hágalo asegurándose de insertarlo de tal manera que los valores mg/L sean visibles a través de la ventana del comparador de colores.

PROCEDIMIENTO (N-NITRICO POR METODO NPK-1 DE HACH)

1. Obtener el extracto de sulfato De calcio de la muestra de Suelo, llevando a cabo el Procedimiento de extracción Con sulfato de calcio saturado De la sección 3.

2. Rotular un tubo de ensayo del comparador de colores con "M" para la muestra y con "B" para el blanco. Lavar ambos tubos con agua desionizada y sacudirlos para eliminar los restos de agua.

3. Añadir una pequeña cantidad del extracto de la muestra (a una profundidad próxima de 0.5 cm en el tubo) al tubo marcado con "M" y taparlo con un tapón de hule. Sacudirlo por unos cuantos segundos y descartar esta solución.

4. Añadir el extracto a ambos tubos de ensayo hasta la marca de de 5 mL (la parte inferior del área esmerilada).

5. Añadir el contenido de una bolsita de reactivo en polvo, Nitra-VER-5 al tubo marcado con "M". Tapar y agitar el tubo exactamente por un minuto.

Nota: este juego de pruebas contiene una solución patrón de Nitrógeno-Nítrico de 15 mg/L para que el analista pueda aprender la técnica de agitado y uso del disco de color.

Se recomienda que el analista practique con la solución patrón hasta que la diferencia del resultado sea de 1 mg/L o menor. La lectura de la solución patrón tiene que estar lo más cercano a 15 mg/L. Si la concentración determinada es menor que 14 mg/L o mayor que 17 mg/L repetir el procedimiento hasta obtener resultados satisfactorios.

6. inmediatamente colocar los tubos "M" en la cavidad interior y "B" en la cavidad exterior del comparador de colores.

7. Cinco minutos después de haber completado el paso 6, acercar el comparador de colores a una fuente luminosa.

Rotar el disco hasta que el color de la ventana del tubo "B" sea igual al color de la ventana del tubo "M". Registrar el valor observado de la ventana de la escala.

Hacer 2 mediciones más de la muestra rotando el disco de color entre cada medición. Complete tres lecturas dentro del lapso de 10 minutos después de completado el paso 6.

Nota: *Mediciones antes de 5 minutos y después de 10 minutos dan resultados inexactos.*

Nota: *Es muy importante que el blanco y las muestras sean observadas bajo las mismas condiciones luminosas.*

8. Hacer un promedio de tres lecturas y multiplicar por 2 para obtener el valor de Nitrógeno-Nítrico de la muestra de suelo.

9. cuando los análisis hayan sido terminados lavar los aparatos de laboratorio con agua desionizada y secar. Almacenar el disco de color en la bolsa plástica suministrada.

Nota: Puede usar la carta de colores que se suministra a continuación, si tiene acceso a los reactivos pero carece del comparador de colores

CARTA DE COLORES PARA LA INTERPRETACION DE ANALISIS DE SUELOS

Empleando los métodos HACH Nitraver V y Phosver III

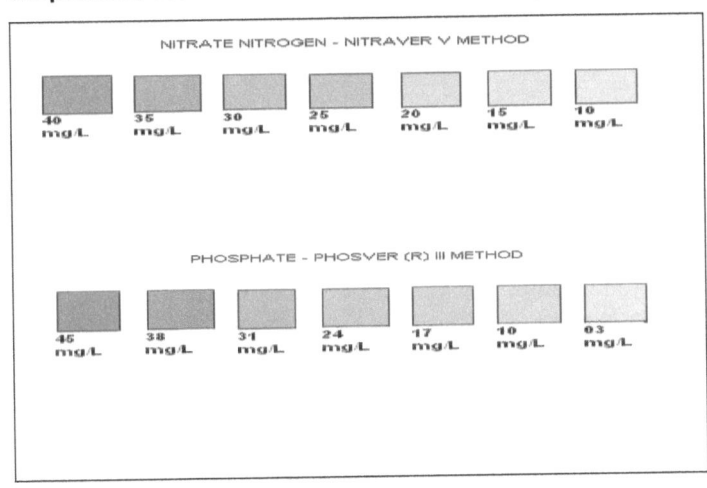

Fuente: "Modelo de Fertilización Racional"- Ediciones GHeN - Ing. J. N. Faña.
República Dominicana; Año 2003.

P.S: Los colores de la carta están intercambiados; para nitratos usar la serie color café, para fosfatos la color azul.

JNFaña
información@grupoghen.com

pH EN SUELO

Método Electroquímico

Preparación

Calibrar el medidor de pH Pocket Pal de acuerdo a las indicaciones del fabricante.

PROCEDIMIENTO

1. Obtener el extracto acuoso de la muestra de suelo, realizando el procedimiento de extracción acuosa explicado.

2. Sumergir la punta del medidor de pH Pocket Pal previamente calibrado, 2.5 cm bajo la superficie del extracto acuoso de la muestra del paso 1 y agitar suavemente hasta que el suelo quede completamente suspendido.

3. Registrar la lectura estabilizada A la lectura de pH mas cercana A 0.1 unidades de pH.

4. Lavar el electrodo con agua desionizada. Retirar el exceso de agua, limpiando la punta con una toalla de papel, antes de seguir con otra muestra.

5. Una vez realizadas todas las determinaciones, lavar el electrodo con agua desionizada. Colocar el interruptor encendido de pH Pocket Pal en posición apagado y colocarle la tapa protectora antes de almacenar.

A continuación les presentamos como ejemplo, un proyecto que estamos promocionando desde hace algún tiempo en nuestro país, cuyo objetivo es sistematizar los procesos de fertilización y riego racional de grandes predios, tales como campos de golf, jardinería en hoteles, siembra de yerba para alimentación de ganado o fabricación de alimentos para ganado, extensos campos de cultivo de plantas ornamentales, de frutales y otros vegetales.

Resumen de este proyecto, a continuación:

JNFaña
información@grupoghen.com

PRELIMINARES

La nutrición vegetal se realiza a expensas de los recursos alimenticios que poseen el aire, el agua y el suelo que sostiene a las plantas;y de los que puedan agregarse de fuentes externas a éstos. El volumen del crecimiento, esplendor y/o la productividad que se obtiene depende directamente de esos recursos.

El elevado costo de los recursos externos usados en la agricultura (agua, fertilizantes, control de plagas: pesticidas, herbicidas selectivos, etc.), que pueden aportarse al suelo para incrementar la producción, el peligro de los efectos secundarios que suelen presentarse cuando esos aportes son irracionales (como ejemplos: salinización, descontrol de pH, eutrofización del agua subterránea, etc.) imponen que habrá que elevar la calidad de los suelos del mundo, mediante métodos más racionales o naturales.

CONCEPTO DE FERTILIZACION Y RIEGO RACIONAL

Se reconoce ampliamente que para mantener un nivel eficiente de producción después de extraído un determinado número de recursos vegetales y agua, es necesario suministrar o reponer los elementos nutritivos y humedad que ha perdido el suelo. A este proceso se le llama **Fertilización y riego**, los cuales serán racionales cuando los elementos repuestos sean los verdaderamente requeridos; dependiendo del tipo de plantas, del rendimiento esperado, del análisis del suelo y del agua de irrigación; antes de la fertilización. Y además, muy importante: ¡**obtener cuantiosos ahorros económicos y aportar lo necesario, sin desperdicios!**

También es racional; aunque su empleo a gran escala, debe ser controlado cuidadosamente, cuando el proceso de fertilización y/o riego puede complementarse mediante el uso de materiales orgánicos, **simples o reconstituidos**; tales como los que se obtienen a partir de **aguas residuales previamente tratadas,** desperdicios orgánicos, hojarasca o residuos, cascarillas, pulpas, etc.; a los que se puede agregar, para reconstituirlos o enriquecerlos, componentes nutritivos de los que carecen (por ejemplo :

Potasio a partir de cenizas, Nitrógeno a partir de urea, Fósforo a partir de orina o harina de huesos, etc.).

¿COMO LO LOGRAMOS?

Para el logro de una fertilización racional en los cultivos de que se trate, 1º. Hay que conocer el suelo, 2º. Emplear un procedimiento científico, bien probado y recomendado por expertos internacionales, basado principalmente en lo siguiente:

a) **Requerimientos reales cuantificados en los cultivos.**

b) **Análisis objetivos de agua y suelos en los que se siembra.**

c) **Análisis foliar opcional, de predios en desarrollo o maduros.**

d) **Análisis del agua utilizada para hidratar cultivos (riego y lluvia).**

e) **Uso de herramientas informáticas en apoyo a la gestión racionalizada.**

En este último e importante punto hemos utilizado, entre otros, los siguientes:

JNFaña
información@grupoghen.com

1. **"Smart!"**, software opcional-de pago, de origen israelí;

2. **"SAA-3.1" y "ASAFR 1.0"** de procedencia nacional; y otros recursos informáticos desarrollados por expertos en el área.

SMART! es una herramienta opcional de software desarrollada en Israel, que permite facilitar y dominar el manejo de la fertilización a un nivel profesional, aumentar los rendimientos y ahorrar dinero. Para utilizarla hay que tener una licencia proporcionada por sus creadores. info@smart-fertilizer.com

El programa ofrece recomendaciones para una fertilización óptima - tipos de fertilizantes, dosis y aplicación - basándose en los datos específicos de su campo, como los análisis de suelos / agua / foliar y los requerimientos nutricionales del cultivo. Este lo usamos básicamente para determinación dichos requerimientos.

Conforme con sus desarrolladores, el Software Smart! aumentará el rendimiento y esplendor de los Cultivos; y ahorrará hasta un 50% en los Costos de Fertilización, incrementando la resistencia a potenciales plagas.

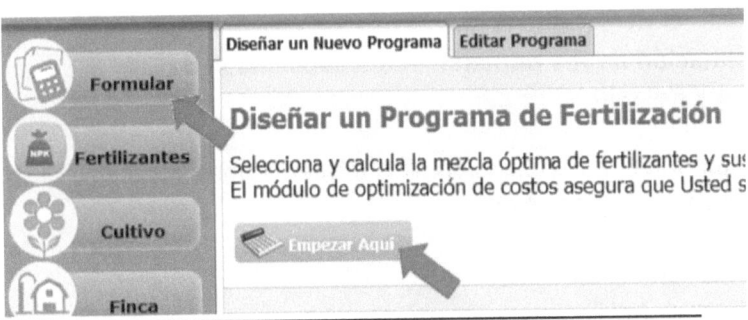

Por su parte, **SAA-v3.1 y ASAFR 1.0** utilizados por el Grupo GHeN, y desarrollados luego de muchos años de experiencia, están fundamentados en procesos metódicamente adquirido y sistemáticamente ordenado de fertilización racional. El primero SAA-v3.1, ha sido desarrollado por el GHeN conforme con los siguientes factores y consideraciones, con el objetivo de lograr con eficiencia y seguridad, una fertilización lógica de los suelos:

a) **Preliminares: Conductividad, pH, y determinación de la Clase de Suelo (ácido, alcalino, salino o sódico).**

b) **Disponibilidad de Micro-nutrientes en función del pH y análisis de suelos.**

c) **Determinación de la Textura del Suelo.**

d) **Recomendaciones para la corrección del pH si procediere.**

e) **Determinación del Requerimiento de Nitrógeno (Tomando en cuenta el Máximo Rendimiento Económico del cultivo en cuestión).**

f) **Determinación de los requerimientos específicos de Fósforo y Potasio.**

g) **Formulación de la Fertilización NPK a Usar (Abono a Aplicar por área, por año)**

Tenemos una nueva versión del software que acompaña este texto que incluye el análisis de parámetros del agua de riego, si procediere; e inclusión de los nutrientes aportados por ésta al proceso de fertilización (especialmente micronutrientes).

Esa versión será remitida a los lectores adquirientes del libro, aunque por el momento no se gestionará ni asesorará, pero que podrá ser usada por los interesados ya que es sumamente intuitiva.

METODOLOGIAS

Los métodos y procedimientos que empleamos para el análisis de las muestras de suelos y de los parámetros mencionados con anterioridad, son los generalmente aceptados a nivel global y recomendados por instituciones nacionales e internacionales, tales como:

. Ministerio de Agricultura de la Republica Dominicana.

. Instituto Interamericano de Cooperación para la Agricultura (IICA).

. United State Department of Agriculture (USDA).

. Universidad estatal de Dakota del Norte, USA.

y otros organismos regionales y nacionales.

A continuación mostramos dos listados-resúmenes de los métodos utilizados por nosotros para el análisis de suelos y de las aguas de riego, los cuales recomendamos por haber obtenido muy buenos resultados, a través de los años que tenemos utilizándolos.

Metodologías para el análisis del suelo

- **pH:**
Determinación por método potenciométrico.

- **Conductividad Eléctrica (CE):**
Determinación por conductimetría del extracto de saturación.

- **Materia Orgánica (MO):**
Digestión húmeda (Walkley-Black). Determinación colorimétrica.

- **Fósforo:** Extracción por Bray II.
Determinación por colorimetría.

- **Cationes Intercambiables:**
(calcio, magnesio, sodio y potasio): Extracción con acetato de amonio, 1N, pH 7. Determinación por espectroscopia, espectrometría visible o UV y/o análisis potenciométrico.

- **Elementos menores:**
(hierro, cobre, manganeso y cinc): Extracción por Mehlich 1 o doble ácido. Determinación por espectroscopia, espectrometría visible o UV y/o análisis potenciométrico.

- **Boro:**
Extracción con agua caliente. Determinación por colorimetría (Azomethina-H).

- **Azufre:**
Extracción con fosfato de calcio. Determinación por turbidimetría

información@grupoghen.com

34

Metodologías para el análisis del agua

- **pH:**
Determinación por electrometría y/o colorimetría (fenol rojo).

- **Conductividad Eléctrica (CE):**
Determinación por conductimetría del agua.

- **Materia Orgánica (MO):**
Reactor COT Hach ®. Determinación por espectrometría.

- **Fósforo:**
Phosver Hach ®. Determinación por colorimetría.

- **Cationes Intercambiables**:
(calcio, magnesio, sodio y potasio): Extracción EDTA y/o
Determinación por espectrometría visible y UV, o mediante
análisis electrométrico con el HQ40d de Hach ®.

- **Elementos menores:**
(hierro, cobre, manganeso y cinc): Extracción reactivos
Hach ®. Determinación por espectrometría.

- **Boro:**
Determinación por colorimetría (Azomethina-H).

- **Azufre:**
Sulfaver 4 reagent powder pillows. Determinación por
turbidimetría o espectrometría.

Preparacion y Analisis de Suelos

→**Muestreo, Secado, Triturado y Tamizado**
→**Análisis**

Permítame insistir en este procedimiento, que
es el comúnmente usado para preparar las
muestras de suelo para el análisis. Es
aplicado para todas las clases de suelos.

Está basado en las Recomendaciones para Procedimientos de Análisis Químicos de Suelos (revisado) Octubre, 1980 publicado por la estación experimental de Agricultura de Dakota del Norte, Universidad estatal de Dakota del Norte, USA, como mencionamos anteriormente.

EXCESO DE FERTILIZANTES

A veces los técnicos agrícolas especialmente en países en desarrollo, por las carencias reconocidas, se ven precisados a recomendar "AL OJO PORCIENTO" la formulación y las cantidades de fertilizantes a usar en una extensión de terreno, sin realizar los análisis de las reales necesidades de nutrición vegetal que exigen las plantas, o recurrir a una empresa productora de fertilizantes cuyas recomendaciones podrían estar influenciadas por su normales objetivos comerciales.

Conforme con estudios la adición de factores de crecimiento a las plantas por encima de un límite, no es más que una irracional pérdida de tiempo y dinero y una forma de dañar y contaminar los suelos, y matar bacterias benéficas; además de agregar excesos de nutrientes en las aguas subterráneas.

 **Así, una fertilización excesiva, no ajustada a las necesidades reales del cultivo, ya sea por cantidad, tipo de abono o época de aplicación, puede provocar problemas por lixiviación de nitratos, eutrofización de aguas y emisiones de gases de efecto invernadero, además de un gasto innecesario que no repercute en un incremento equivalente de la producción. Y en la otra cara de la moneda, una fertilización insuficiente acarrea no sólo una reducción en el rendimiento del cultivo sino también una pérdida de la fertilidad del suelo. Se impone entonces el equilibrio o racionalidad.**

Por eso proponemos la Metodología de Fertilización y Riego Racional.

JNFaña
información@grupoghen.com

El criterio es muy sencillo: proporcionar a las plantas la nutrición que realmente necesitan para su desarrollo y esplendor, agregando el diferencial de nutrientes indispensables, que el suelo y el agua no aportan originalmente, sin sobrepasar sus necesidades; mediante su análisis y recomendaciones correspondientes (a verificar periódicamente mediante el calculo electrónico).

A continuación mostraré un ejemplo de las páginas de la hoja electrónica que acompaña este libro, a fin de que visualice las características que tiene la hoja de cálculos y la facilidad con la que puede ser utilizada. Los lectores pueden obtenerla escribiendo a: *informacion@grupoghen.com*

EJEMPLO DE APLICACIÓN DEL SOFTWARE SAA-v3.1

1) Preliminares

SAA-3.1 **GRUPO HIDRO-ECOLOGICO NACIONAL** (Por J. N. Faña)

ANALISIS DE CALIDAD DE SUELOS Y AGUAS AGRICOLAS   Version 3.1

PROCEDENCIA DE LAS MUESTRA	HOTEL BAYAHIBE

DIRECCION | BAYAHIBE, ZONA ESTE

TELEFONO | X

No. DE MUESTRAS	1	PESO	1	Libras

1.0 DEL SUELO

TDS 1.1	pH		% Arena	% Limo	% Arcilla	Confirmacion
ppm	Valor		25	35	40	100 %
1020	5.8					

			1.1 PRELIMINARES			
C	ACIDO	< 6.0	SI	...		
L	ALCALINO	> 7.5	NO	...		
A	SALINO	< 8.5	SI	> 2mS/cm		
S	SODICO	> 8.5	NO	< 2mS/cm		
E						

OBSERVACIONES	El pH del suelo debe ser corregido

En esta seccion debera introducir los datos basicos como procedencia de las muestras (hasta 5) y los demas valores a ser introducidos en las celdas de color azul. *Notas: 1° TDS equivalente a Conductividad en mS/cm x 470 aprox. 2° Suma de arena, limo y arcilla debe ser igua a 100%*

JNFaña
información@grupoghen.com

2) Disponibilidad de Nutrientes y textura

1.2 DISPONIBILIDAD DE NUTRIENTES	
CONTENIDO DE AZUFRE	DE MODERADO @ ALTO
" " BORO	DE MODERADO @ ALTO
" " CALCIO	MODERADO
" " COBRE	MODERADO @ ALTO
" " HIERRO	ALTO
" " MAGNESIO	DE MODERADO @ ALTO
" " MANGANESO	MODERADO
" " MOLIBDENO	DE MODERADO @ ALTO
" " ZINC	MODERADO
" " FOSFORO	BAJO @ MODERADO
" " POTASIO	MODERADO @ ALTO

1.3 TEXTURA DEL SU (Esta tabla es solo para orientacion respecto a la textura del suelo)	
ARENOSO	NO
FRANCO-ARENOSO	NO
FRANCO	NO
FRANCO-LIMOSO	NO
LIMOSO	NO
FRANCO-ARCILLO-LIMOSO	NO
ARCILLO-LIMOSO	X
ARCILLO-ARENOSO	NO
FRANCO-ARCILLOSO	NO
ARCILLOSO	NO

En este modulo, automáticamente se determina (a partir de pH) la disponibilidad de los micronutrientes y la textura de este suelo en función de los porcentajes de arena, limo y arcilla

3) Salinidad y Corrección del pH

1.4	Salinidad =	2.0400		
TEXTURA DEL SUELO	N. SAL	MOD. SAL	MUY SAL.	EXT. SAL
ARENOSO @ FRANCO	0.0 - 2.0	2.1 - 4.4	4.5 - 8.9	9.0 +
FRANCO-LIMOSO @ LIMOSO	0.0 - 2.0	2.1 - 4.7	4.8 - 9.4	9.5 +
FRANCO-ARCILLO-LIM. @ ARCILLO	0.0 - 2.3	2.4 - 5.0	2.1 - 10.0	10.1 +
FRANCO-ARCILLOSO @ ARCILLOS	0.0 - 2.4	2.5 - 5.7	5.8 - 11.4	11.5 +

GRADO DE SALINIDAD	NO SALINo
mS/Cm = dS/M =	2.0400

1.5 CALCULO DE REQUERIMIENTO CORRECTIVO AL 6.5
(METODO DEL 1% AÑADIDO, O METODO JNF)

pH 1	pH 2	$\triangle$ pH	J=[6.5-pH1]	N= J/$\triangle$ pH	F	(Prof.=15 cm)
5.8	6.75	0.95	0.7	0.74	3.27	Fundas/Tarea

(Fundas= 1 Pie3 aproximadamente, cada una) <----DE CAL

OBSERVACIONES	3.27 Fdas/Tarea=	0.09	Metros Cubicos/Tarea

El tercer modulo calculará la salinidad del suelo y como corregir el pH si fuere necesario (el usuario solo indica el grado de salinidad).

JNFaña
información@grupoghen.com

4) Requerimientos de Fertilización

1.6 REQUERIMIENTOS DE N   (Para menos de 5 muestras, en A y B usar el promedio)

	TEST (ppm)	PROF(CM)	FACTOR	DISPON.	REQUER.	AGREGAR
	A	B	(SS)	(KG/HT)	(KG/HT)	(KG/HT)
M1	40.0	50.0	0.10	200.0	230.0	37.5
M2	45.0	50.0	0.11	247.5	230.0	-21.9
M3	38.0	49.0	0.10	186.2	230.0	54.8
M4	47.0	51.0	0.11	263.7	230.0	-42.1
M5	40.0	52.0	0.10	208.0	230.0	27.5
INTERPRETACION		USAR	1.6	LBS/TAREA DE NITROGENO		

1.7 TASA SUGERIDA DE APLICACIÓN DE FOSFORO Y POTASIO

	TEST (PPM)	REQ. (LB/ACRE)	REQ. (KG/HT)	TEST (PPM)	REQ. (LB/ACRE)	REQ. (KG/HT)
M1	22.1	79.3	88.8	261.3	14.4	16.1
M2	23.5	74.5	83.5	258.8	14.5	16.2
M3	24.0	73.1	81.8	260.4	14.4	16.1
M4	22.8	76.7	85.9	259.5	14.5	16.2
M5	23.1	75.8	84.9	259.0	14.5	16.2
	FOSFORO:	11.7	LBS/TAREA	POTASIO:	2.2	LBS/TAREA

(Para menos de 5 muestras, llenar otros cuadros con el valor promedio)

FORMULACION:

USAR:	MEDIO QQ 10-20-5 POR TAREA EN 3 APLICACIONES (OPCION: 10-20-10)

En el modulo 4 se deben introducir los resultados (contenido en partes por millón de nitrógeno, fosforo y potasio) de las muestras de suelos tomadas en un solo campo (idealmente desde 2 hasta 5 muestras por parcela); además de los requerimientos de nitrógeno del cultivo principal de la parcela (en Kg por hectárea). Si se toman menos de 5 rellenar las celdas con el promedio de los resultados.

Con el uso de este sistema hemos logrado resultados tales como: ahorros económicos significativos para las empresas agrícolas o turísticas, mantenimiento e incremento de la belleza y esplendor de su propuesta, césped o producción de recursos vegetales, y al mismo tiempo limitado la contaminación del suelo y muy especialmente del agua subterránea, preservando proactivamente la calidad de recursos naturales potencialmente renovables.

Y hemos comprobado que el mal manejo de suelos y su riego; y el uso de una fertilización química irracional tienen repercusiones sociales, económicas y ambientales que afectan el equilibrio de la flora y fauna regional, lo que repercute tanto en el desperdicio de recursos agrícolas, así como en el incremento constante del presupuesto para su gestión.

JNFaña
información@grupoghen.com

A continuación un ejemplo hibrido usando varios softwares. Combinamos Softwares de Toncel G., nuestros y otros autores, para usar estossoftwares, deberá tener su permiso.

ANÁLISIS DE SUELOS AGRICOLAS Y FERTILIZACION RACIONAL

ASAFR.1.0

FINCA / DUEÑO: CAMPO DE GOLF LAS AROMAS   FECHA ANALISIS:

LUGAR SANTIAGO   MUNICIPIO SANTIAGO   PARAJE LAS AROMAS

COORDENADAS   Altura (m) 20.4   CULTIVO: CESPED

| ZONA Y CULTIVO | 121 | REGIÓN | Campos de Golf | CLIMA: 1 | Cálido | MUESTRA N°: | 1 |

Criterios para cultivos de : Pastos / Cesped

RESULTADOS DE ANALISIS E INTERPRETACION DE LOS MISMOS

	PH	MO (%)	P2O5 (ppm)	Aluminio (meq. 100 g)	Potasio (meq. 100 g)	Calcio (meq. 100 g)	Magnesio (meq. 100 g)	Sodio (meq. 100 g)	Bases Totales
RESULTADO	6.80	2.03	25.00	1.01	0.17	2.59	1.45	0.43	4.63
VALORACIÓN	Casi neutro o neutro	Medio	Medio	Probablemente NO hay problemas con el aluminio. Evaluar % de saturación de Al.	Bajo	Bajo	Bajo	Nivel normal	Bajo

N (ppm) → 26.37   → Medio

PORCENTAJE DE SATURACION DE BASES (PSB)

			Potasio	Calcio	Magnesio	Sodio	Bases
CALCULO DE PSB →		10.67	1.77	27.33	15.31	4.53	48.94
VALORACION		...	Bajo	Bajo	Medio	NORMAL	Medio

ELEMENTOS MENORES

(ppm)	Boro	Cobre	Manganeso	Hierro	Cinc	Molibdeno
RESULTADO	0.23	0.40	6.76	####	1.70	0.11
Valoración	Medio	Bajo	Medio	Bajo	Medio	-

OTROS PARAMETROS

	CICA (meq 100 g)	C.E (mmhos/cm)	CIC efectiva (meq 100 g)	% de Saturación de Al respecto a CIC efectiva
RESULTADO	9.46	0.54	5.64	17.91
Valoración	Bajo	No salino	&	Normal. Sin problemas

RELACIONES ENTRE CATIONES

(ppm)	Ca / Mg	Mg / K	Ca / K	$\frac{(Ca+Mg)}{K}$	$\frac{(Ca+Mg+K)}{Al}$	RAS
RESULTADO	1.79	8.67	15.48	8.67	4.16	0.30
Valoración	Bajo nivel de Ca respecto al Mg	Aceptable	Margen adecuado para K	Dentro del margen adecuado para el K	No hay problemas con aluminio	NORMAL

TEXTURA

% DE ARCILLA	% DE LIMO	% DE ARENA	TEXTURA CALCULADA	TEXTURA ESTIMADA AL TACTO
35	30	35	Franco Arcilloso	Franco arcillo arenoso

JNFaña
información@grupoghen.com

Fertilización con Nitrogeno (Kg de N /ha)
25 a 50

DATOS DE PARTIDA

Sodio ppm	98.50
pH	6.80
N Total Kg/ha	65.00
P2O5 Kg/ha	50.00
K2O Kg/ha	98.00
Fe ppm	10.00
Cu ppm	0.40
Sales ppm	110.00
CE dS/m	0.54
Dureza* ppm	720.00
Amonio ppm	0.45
Carbon Org %	2.03
CICA	9.46
TEXTURA	30.00	35.00
	% de Limo	% de Arcilla

VALOR EN PPM	CONVERSIÓN	RESULTADO
Bases Intercambiables		
ppm		meq/100 g
518.3	Ca	2.59
176.1	Mg	1.45
98.5	Na	0.43
65.3	K	0.17
26.4	N	←En ppm
25.0	P	←En ppm

Fertilización con fósforo (Kg de P2O5 / ha)
0 a 25

* Dureza de la solucion 1:5 ↗

Fertilización con potasio (Kg de K2O/ ha)
15 a 25

Escala de Salinidad en Función de la Conductividad

CE en dS/m a 25º C	Efectos
0 – 2 No salino	Despreciable en su mayoría
2 – 4 Ligeramente salino	Se restringen los rendimientos de cultivos muy sensibles
4 – 8 Moderadamente salinos	Disminuyen los rendimientos de la mayoría de los cultivos. Entre los que toleran están: alfalfa, remolacha, cereales y los sorgos para grano.
8 – 16 Fuertemente salinos	Sólo dan rendimientos satisfactorios los cultivos tolerantes.
> 16 Muy fuertemente salinos	Sólo dan rendimientos satisfactorios algunos cultivos muy tolerantes.

CAPACIDAD DE INTERCAMBIO CATIONICO

La CIC medida en el pH real del suelo se conoce como "CIC efectiva",

CICA: CIC en condiciones neutras

ELEMENTOS ESENCIALES PARA LAS PLANTAS

Utilizados en cantidades relativamente grandes		Utilizados en cantidades relativamente pequeñas
Del aire y del agua	De los sólidos del suelo	De los sólidos del suelo
Carbono	Nitrógeno	Hierro
Hidrógeno	Fósforo	Manganeso
Oxígeno	Potasio	Boro
	Calcio	Molibdeno
	Magnesio	Cobre
	Azufre	Zinc
		Cloro
		Cobalto

Fuente: Brady, 1964

RESUMEN DE ANALISIS DE SUELOS

DATOS PRELIMINARES

Finca/Nombre Dueño:

Lugar y/o Ubicacion: **SANTIAGO**

Cultivos Principales: **CESPED**

Fecha del Reporte	
Textura del Suelo *	Franco Arcilloso
Profundidad (cm)	20 @ 30
CIC efectiva	5.64
Densidad Aparente (g/cm3)	1.43
Densidad Real del Suelo	2.70

Materia Organica (%)	3.50
Conductiv. Electrica (dS/m)	0.54
Potencial de H+ (pH)	6.80
Temperatura (Celsius)	22 @ 33
Radio Abs. de sodio (RAS)	0.30
Porosidad del Suelo (%)	47.06

* Arena:Limo:Arcilla => | 35 | 30 | 35 |

IDEAL.

IDEAL.

ANALIZADO

Resultados expresados en ppm

NUTRIENTES	RESULTADOS	
SODIO (Na)	98.50	<230
N-NITRATO (N-NO3)	25.00	
N-AMONIO (N-NH4)	0.45	
BICARBONATO (HCO3)	36.30	
FOSFORO (P2O5)	25.00	
POTASIO (K2O)	65.33	
CALCIO (CaO)	518.29	>686

NUTRIENTES	RESULTADOS	
MAGNESIO (MgO)	176.13	>280
CINC (Zn)	2.03	>2
AZUFRE (SO4)	2.20	>8
BORO (B)	0.23	>0.2
HIERRO (Fe)	10.00	>20
MANGANESO (Mn)	5.78	>5
COBRE (Cu)	0.40	>1

METODOS DE EXTRACCION

Na	Extracto 1:2	MgO	Extracto 1:2
N-NO3	2N KCl	Zn	Extracto 1:2
N-NH4	ISE meter	SO4	Extracto 1:2
HCO3	Pasta Saturada	B	Agua Caliente
P2O5	Bray I	Fe	Extracto 1:2
K2O	Mehlich 1	Mn	Extracto 1:2
CaO	Extracto 1:2	Cu	Extracto 1:2

DENSIDAD BASADA EN LA TEXTURA

Tipos de Suelos	D. Aparente
FRANCO ARENOSA GRUESA	1.55
FRANCO ARENOSA FINA	1.50
FRANCO Y FRANCO LIMOSA	1.47
LIMOSA	1.45
FRANCO ARCILLOSA	1.43
FRANCO ARCILO-ARENOSA	1.52
FRANCO ARCILLO-LIMOSA	1.50
ARCILLO ARENOSA	1.40
ARCILLO LIMOSA	1.45
ARCILLOSA < 50%	1.40
ARCILLOSA > 50%	1.30

Fuente: USDA. 2003

TEXTURA

Ejemplo:
30% Ac,
30% Ar y
40% L

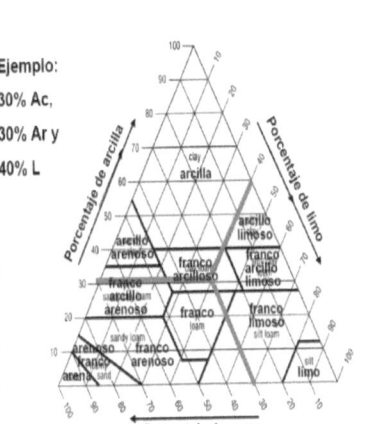

CLASES TEXTURALES → → → → → ↗

Arcilla (Ar)	Limo (L)	Arena (A)	TEXTURA
Ar >= 40	L <= 40	A <= 45	Arcilloso
35 <= Ar <= 55	L <=20	45 <= A <= 65	Arcillo-arenoso
40 <= Ar <= 60	40 <= L <= 60	L <= 20	Arcillo-limoso
27 <= Ar <= 40	40 <= L <= 72	A <= 60	Franco-arcillo-limoso
27 <= Ar <= 40	15 <= L <= 52	20 <= A <= 45	Franco-arcilloso
20 <= Ar <= 35	L <= 27	45 <= A <= 80	Franco-arcillo-arenoso
7 <= Ar <= 27	27 <= L <= 50	22 <= A <= 52	Franco
Ar <= 27	50 <= L <= 87	A <= 50	Franco-limoso
Ar <= 12	L >= 80	A <= 20	Limoso
Ar <= 7	42 <= L <= 50	47 <= A <= 52	Franco-arenoso
7 <= Ar <= 20	10 <= L <= 42	52 <= A <= 70	
Ar <= 30	L <= 30	70 <= A <= 85	Arenoso-Franco o Franco-arenoso
A <= 15	L <= 15	85 <= A <= 90	Arena o Arenoso-franco
Ar <= 10	L <= 10	A >= 90	Arena o Arenoso-franco

JNFaña
información@grupoghen.com

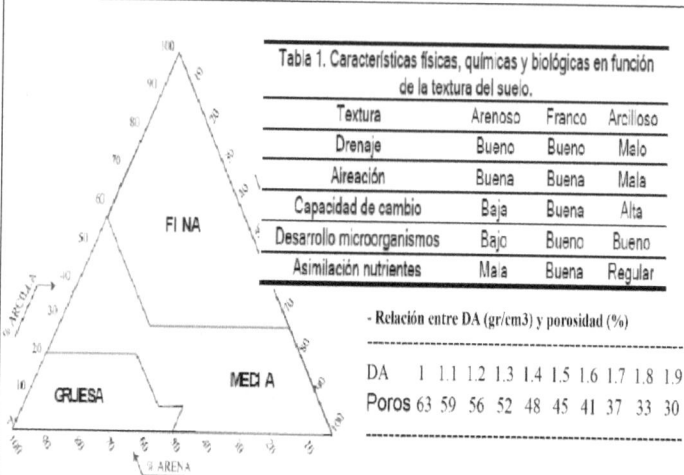

Tabla 1. Características físicas, químicas y biológicas en función de la textura del suelo.

Textura	Arenoso	Franco	Arcilloso
Drenaje	Bueno	Bueno	Malo
Aireación	Buena	Buena	Mala
Capacidad de cambio	Baja	Buena	Alta
Desarrollo microorganismos	Bajo	Bueno	Bueno
Asimilación nutrientes	Mala	Buena	Regular

- Relación entre DA (gr/cm3) y porosidad (%)

DA	1	1.1	1.2	1.3	1.4	1.5	1.6	1.7	1.8	1.9
Poros	63	59	56	52	48	45	41	37	33	30

Densidad Real del Suelo

$Pt (\%) = 100 - (DA/DR) \cdot 100 = (DR-DA)/DR \cdot 100 \rightarrow DR = DA / (100 - Pt (\%)) / 100 = \boxed{2.70}$

El contenido de los distintos elementos constituyentes de los suelos es el que determina las variaciones de su densidad real, por lo que la determinación de este parámetro permite por ejemplo estimar su composición mineralógica. Si la densidad real es muy inferior a 2,65 gr/cm3, podemos pensar que el suelo posee un alto contenido de yeso o de materia orgánica, si es significativamente superior a 2,65 gr/cm3, podemos inferir que posee un elevado contenido de óxidos de Fe o minerales ferro-magnésicos.

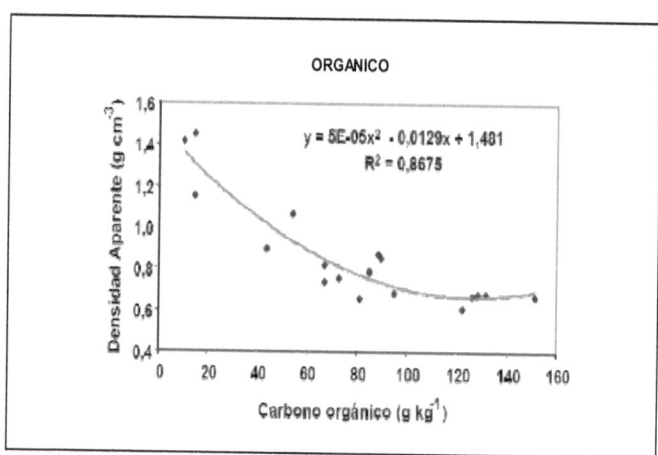

ORGANICO

$y = 5E-05x^2 - 0,0129x + 1,481$
$R^2 = 0,8675$

JNFaña
información@grupoghen.com

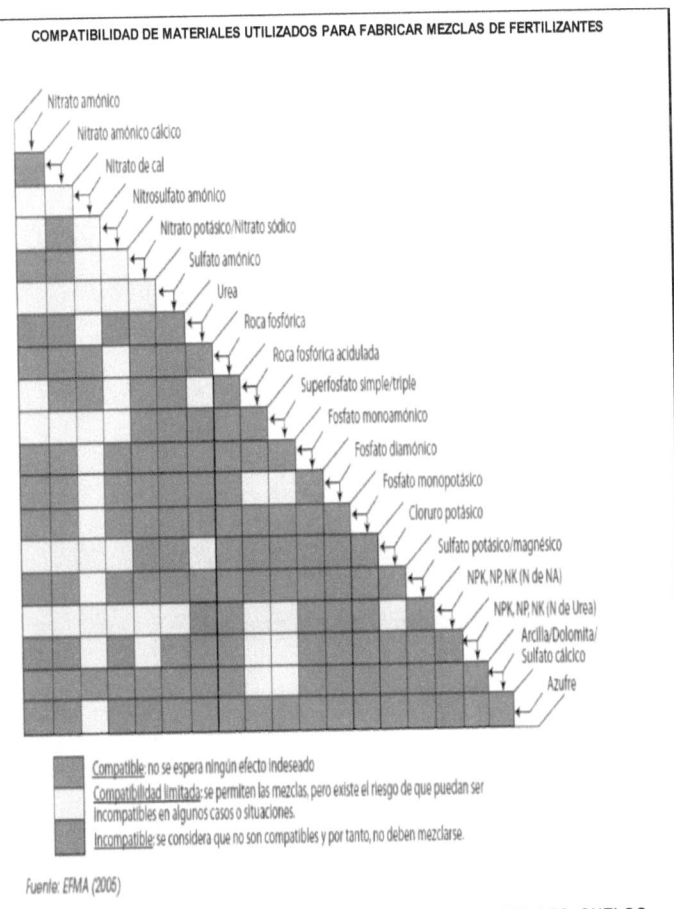

COMPATIBILIDAD DE MATERIALES UTILIZADOS PARA FABRICAR MEZCLAS DE FERTILIZANTES

Nitrato amónico
Nitrato amónico cálcico
Nitrato de cal
Nitrosulfato amónico
Nitrato potásico/Nitrato sódico
Sulfato amónico
Urea
Roca fosfórica
Roca fosfórica acidulada
Superfosfato simple/triple
Fosfato monoamónico
Fosfato diamónico
Fosfato monopotásico
Cloruro potásico
Sulfato potásico/magnésico
NPK, NP, NK (N de NA)
NPK, NP, NK (N de Urea)
Arcilla/Dolomita/Sulfato cálcico
Azufre

Compatible: no se espera ningún efecto indeseado

Compatibilidad limitada: se permiten las mezclas, pero existe el riesgo de que puedan ser incompatibles en algunos casos o situaciones.

Incompatible: se considera que no son compatibles y por tanto, no deben mezclarse.

Fuente: EFMA (2005)

RECOMENDACIONES PARA MEJORAR LA ESTRUCTURA DE LOS SUELOS

• Suministrar materia orgánica al suelo, para aumentar su contenido de complejo arcillo-húmico.

• Facilitar, en los suelos ácidos, la formación de complejo mediante la aplicación de enmiendas calizas.

• Evitar el laboreo del suelo en periodos desfavorables, evitando así la pérdida de materiales fértiles por procesos de erosión.

• Evitar en lo posible el empleo de abonos que contengan sodio, que favorece la dispersión de los coloides.

• Emplear en los regadíos solo cantidad de agua que sea necesaria, ya que esta puede actuar como agente destructor de la estructura, por dislocación de los agregados, dispersando los coloides y formando costra en el suelo.

RECOMENDACIONES GENERALES SEGÚN RESULTADOS DEL ANÁLISIS DE SUELOS

CULTIVO	N (Kg/Ha) RECOMENDAMOS USAR EL PROMEDIO	P2O5 (Kg/Ha) PREFERIBLE APLICAR EN LA SIEMBRA	K2O (Kg/Ha) RECOMENDAMOS USAR EL PROMEDIO	ENCALAMIENTO POR ALUMINIO (Ton/ha de una cal que contenga al menos un 80% de CaCO3):
Pastos / Cesped	25 a 50	0 a 25	15 a 25	No es necesario aplicar cal por contenido de Aluminio

OTRAS RECOMENDACIONES	DOSIS	ÉPOCA Y FORMA DE APLICACIÓN
AGREGAR EN LA FORMULA LO SIGUIENTE:	↓↓↓↓↓↓↓↓↓	Respecto al nutriente, indicado en cada línea:
SODIO (Regularmente no hay que agregar)	Contenido Adecuado	No aplicar ningun correctivo
CALCIO (Como Sulfato Calcico, Nitrato Calcico, etc.)	161.10	(Kg/ha) Entre siembra y crecimiento
MAGNESIO (Como Sulfato de Mg, Quelatos, etc.)	50.12	(Kg/ha) Varias, antes de la floracion
CINC (Como aplicacion Foliar de Sufato de Cinc)	Contenido Adecuado	No aplicar ningun correctivo
AZUFRE (Como Sulfato Calcico, Potasico o de Cobre)	12.18	(Kg/ha) Varias, durante Crecimiento
BORO (Como Acido Bórico o Boratos Cálcicos)	Contenido Adecuado	No aplicar ningun correctivo
HIERRO (Como Quelatos de Fe de alta estabilidad)	33.60	(Kg/ha) Varias de siembra-Floracion
MANGANESO (Aplicaciones foliares de Sulfato de Mn)	Contenido Adecuado	No aplicar ningun correctivo
COBRE (Como Sales inorganicas de Cu o Quelatos)	1.26	(Kg/ha) Aplicar antes de la cosecha
MOLIBDENO (Como Molibdato Amonico o Sodico)	Utilizar entre 5 a 20	(gr/ha) Preventivo, en el crecimiento

OBSERVACIONES:

NOTAS Y COMENTARIOS GENERALES PARA ESTE CULTIVO EN DISTINTAS ZONAS DEL PAÍS, SEGÚN ENSAYOS DE CALIBRACIÓN DEL ANÁLISIS A VARIOS NIVELES DE FERTILIZACIÓN (QUINTA APROXIMACIÓN):

USUARIO: JNFaña

FECHA

FIRMA

Propietario

JNFaña
información@grupoghen.com

Por último un ejemplo cualitativo de cómo trabaja el software smart! ..._EN 5 PASOS.

(no incluye datos)

Este es un software comercializado desde Israel por Smart! Fertilizer Management; lo aplicamos básicamente por su exactitud en predecir los reales requerimientos nutricionales de los cultivos, para el logro de su máximo rendimiento económico.

Para usar este software deberá tener la licencia correspondiente que puede adquirir si es necesario, en info@smart-fertilizer.com

1. Empezar

Del menú lateral seleccionar Formular.

Pulsar el botón Empezar Aquí. Se abre la pantalla de Valores Objetivo.

Los Valores Objetivo representan los requerimientos nutricionales del cultivo. Es decir los elementos nutritivos que necesita la planta para su desarrollo óptimo.

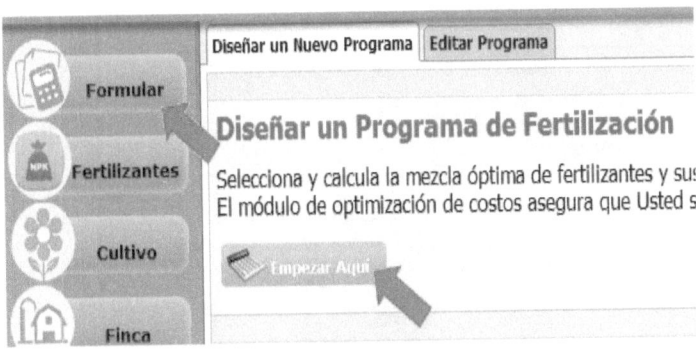

2. Cargar Cultivo / Introducir Valores Objetivo

En la pantalla Valores Objetivo, seleccionar Cargar Cultivo
o introduzca los valores objetivo manualmente.

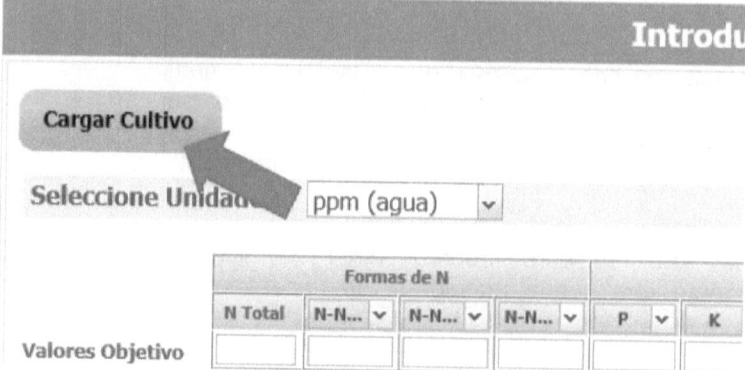

3. Introducir Análisis de Suelo

Si usted dispone de análisis de suelo y/o análisis foliar,
haga clic en el botón Análisis Suelo / Foliar e introduzca los
resultados.

Análisis de Laboratorio – Nutrientes en suelo

Nitrato		Sulfato	
N-Amonio		Hierro	
Fosfato		Cinc	
Potasio		Cobre	
Calcio		Cloruro	
Magnesio		Sodio	

4. Continuar con 'Fuente de Agua'

Acceder a la pantalla Fuente de Agua. Si usted dispone de
análisis de agua, introduzca los resultados en esta pantalla.
Si no dispone de resultados de análisis de agua, no debe
introducir ningún dato en esta pantalla.

Datos análisis in situ del agua

Fecha del muestreo		pH del agua	
Unidades		Conductividad Eléctr	
Forma iónica		**Tasa de Riego**	

Tasa de Riego- la cantidad total del agua de riego por hectárea, que se aplica al cultivo durante el período a cual se refieren los valores objetivo.

Análisis de Laboratorio – Parámetros en el agua

Nitrato		**Sulfato**	
Amonio		Hierro	
Fosfato		Cinc	
Potasio		Cobre	
Calcio		Sodio	
Magnesio		Cloruro	

5. Calcular

Presionar el botón Calcular. Y SMART! encuentra la combinación ideal de fertilizantes y sus dosis de aplicación.

Una ventana emergente aparecerá. Verifique los resultados en esta ventana y haga clic en **OK**.
¡Y LISTO! Acaba de diseñar un programa óptimo de fertilización, específico a las necesidades de su cultivo.

Haga clic en Generar Reporte para generar un reporte detallado y guardar su programa de fertilización.

RESUMEN DE LA METODOLOGIA DE RIEGO RACIONAL

Aunque esta metodología será objeto de otro libro que publicaremos más adelante, le incluimos este avance resumido, pues fertilización y riego son conceptos afines.

El uso racional del recurso agua es uno de los factores fundamentales para alcanzar el éxito en las operaciones de manejo agrícola, y sobre todo para poder garantizar condiciones consistentes a lo largo de todo el ciclo de producción.

Por observaciones realizadas en diversas lugares podemos saber que la cubierta vegetal comienza a marchitarse cuando el contenido de agua baja más de un porcentaje determinado respecto a peso normal vegetal, sobre todo si esto sucede muy rápidamente, como consecuencia de condiciones climáticas locales y de las características estructurales de los suelos.

Un buen ejemplo de esta situación lo representan los terrenos que están constituidos por un sustrato arenoso el cual se caracteriza por tener generalmente una alta porosidad, o lo que es lo mismo; una baja retención de humedad.

Por otra parte debido a las condiciones de manejo especiales a las que son sometidos los cultivos podrían tener una profundidad radical baja, y una capacidad máxima de reserva de agua aprovechable por las plantas también baja en litros por metro cuadrado, si los requerimientos de agua se deben restablecer antes de que sus niveles hayan bajado ese porcentaje, entonces podemos deducir que indudablemente el equilibrio en cuanto al manejo del agua es bastante frágil y debe monitorearse su situación de manera muy eficiente.

El riego adecuado es esencial para mantener plantas saludables. Hay una serie de aspectos sobre la toma de decisiones relacionadas al riego que a menudo se pasan por alto debido a la facilidad de riego automático que hay en algunos casos.

Además, muchos campos no tienen la capacidad de ofrecer agua de una manera consistente y uniforme. Esto puede crear problemas adicionales. Por lo tanto, la clave para establecer un programa de riego eficaz es centrarse en la precisión y eficiencia, es decir, cuánta agua necesita la planta y cuál es el medio más eficaz de proveerla. (Por ejemplo: diversificación de medios de riego).

El primer paso para determinar las necesidades de agua de la planta es entender la evapotranspiración (ET). ET es la cantidad de agua que se evapora del suelo y se transpira desde las plantas. Si la ET excede la cantidad de precipitación natural o artificial en su área, el cultivo estará en un déficit de agua. Pero si regamos en exceso también estaremos adicionando problemas, hasta de tipos fitosanitarios.

Al determinar las necesidades de riego, el suelo debe ser considerado como un banco de agua. El suelo, en función de sus propiedades físicas actuará como un reservorio de agua saturado, este se encuentra en "capacidad de campo" cuando se haya drenado toda el agua que se pierde debido a la acción de la fuerza de gravedad. A medida que el agua del suelo se agota, hay un punto en el que la planta no puede extraer agua del suelo. Este es el punto de marchitez. En esta etapa, se observará stress por sequía en las plantas. Lo ideal es proporcionar el riego que sea adecuado para la conservación de la plantación en "estado saludable"

Para lograr este objetivo procedemos del siguiente modo:

1) Determinación del estado físico del campo

Esto se realiza basados en el análisis de la granulometría del suelo, nivel de penetración, infiltración (en pulg/h) y porcentaje de humedad; de un numero determinado de muestras representativas de los suelos.

2) Verificación de la calidad del diseño agronómico

La calidad del diseño del sistema de riego se fundamenta en variables tales como: área de riego, coeficiente del cultivo, evapotranspiración, capacidad de campo, punto de marchitez, densidad aparente del suelo, profundidad radicular, días de riego a la semana, horas de riego al día, nivel de agotamiento permisible y características de aspersores, boquillas, u otros implementos; entre otros parámetros.

3) **Cálculo de los requerimientos de riego del campo**

Esto se ejecuta por áreas diversas. Y se toman en cuenta, entre otros, los siguientes parámetros: intervalo entre riegos, dosis bruta ajustada, tiempo de riego por postura, número de posturas por día, caudal definitivo del sistema (m3/h); etcétera.

A fin de que observe como se muestra mucha de la información generada por la metodología de Fertilización y Riego Racional de los Suelos, le anexamos a continuación dos reportes con los resultados parciales de investigaciones previamente realizadas; manteniendo por supuesto la confidencialidad debida a los clientes.

JNFaña - Investigador Ambiental

REPORTE DE FERTILIZACION EN XXX

Cliente: XXX
Ubicac.: HXXX, Republica Dominicana
Tel/Cel: Sr. XXX
Cultivo: Césped y Plantas Ornamentales

REALIZADO POR

J. N. FAÑA BATISTA

Ing. Civil, MSc-EA. Especialidad en EIA y Análisis Ambiental
Especialista en Fisiología y Nutrición Vegetal.

CON LA COLABORACION DE:

O. ALMONTE SEVERINO

Arquitecto-Paisajista y Analista Instrumental

R. GOMEZ HOLGUIN

Técnico Instrumental

Y del

GRUPO HIDRO-ECOLOGICO NACIONAL, INC.
(GHeN)

* Membresías vigentes

GHeN   : Grupo Hidro-ecológico Nacional, Inc.
CODIA   : Colegio Dominicano de Ingenieros, Arquitectos y Agrimensores
APRS   : Automatic Posición Reporting Sistema (Programa de Observación Meteorológico – Ambiental; CWOP)
WEF   : Water Environment Federation (Confederación AWWA – WEF - APHA)

JNFaña
información@grupoghen.com

INTRODUCCION

Los suelos desempeñan una función importante, puesto que contribuyen en grado muy significativo a satisfacer las necesidades básicas de la humanidad, además de servir de esparcimiento y mejora del paisaje en plantaciones ornamentales y césped. El mal manejo de ellos, el uso de una fertilización química irracional y el dispendio del agua de regadío, tienen repercusiones sociales, financieras y ambientales que afectan el equilibrio de la flora y la fauna regional y nacional, lo que contribuye con el desperdicio de recursos naturales, humanos y económicos.

Conscientes de la urgente necesidad de estimular el incremento del valor paisajístico, así como una mayor producción y esplendor agrícola racional y sostenible, el cliente consideró impostergable la formulación y ejecución de proyectos, planes y programas, que tiendan a mejorar sistemas y procedimientos de fertilización y riego de suelos.

En este caso, dichos programas, planes y proyectos incluyeron el inicio de:

. Un control lógico y verificable en el uso de fertilizantes químicos y uso consultivo del agua, a partir de software's que relacionen las informaciones de estudios de suelos agrícolas, de tablas o ecuaciones que resuman estudios relativos a los cultivos; sobre todo luego de que se ha realizado un análisis de suelos o foliar previo;

. El uso alternativo y/o complementario de materiales orgánicos o minerales; como cal viva, cal apagada, estiércol, aserrín, sulfato de aluminio, paja de arroz, cenizas, fosfatos diamónico, sulfato de amonio, residuos orgánicos en general de origen animal o vegetal, para aumentar o disminuir el pH y mejorar la calidad de los suelos;

. Un incremento de la productividad de los suelos-cultivos y una considerable disminución de los costos de fertilización y riego (considerando la posibilidad de gastar hasta un 50% menos, cuando se hace racionalmente).

JNFaña
información@grupoghen.com

Para el logro de esos objetivos empleamos un procedimiento científico mundialmente probado y recomendado por expertos internacionales, basado principalmente en los siguientes aspectos:

- **Requerimientos reales de sus cultivos.**
- **Análisis objetivos de los suelos en los que siembra.**
- **Análisis foliar alternativo de plantas en desarrollo.**
- **Análisis del agua utilizada para regar los cultivos**
- **Uso del software "Smart! ™"; además de "H2Eau ™", "AQqA ®" "SAA-3.1 ®","ASAFR 1.0 ®", "DARA v4a ®"y otros, utilizados como referentes informáticos.**

REPORTE DE FERTILIZACION RACIONAL

El soporte informático lo vemos como herramientas que permiten facilitar y dominar el manejo de la fertilización y riego a un nivel profesional, aumentar los rendimientos y esplendor vegetal; y ahorrar dinero.

Los programas proporcionan recomendaciones para el riego y fertilización óptima-tipos de fertilizantes, dosis y aplicación - basándose en los datos específicos de su campo, como los análisis de suelos / agua / foliar y los requerimientos nutricionales del cultivo.

Estimamos que el uso de estos recursos digitales, aumente los rendimientos y la plenitud de su campo; y produzcan ahorros en los costos de fertilización y riego.

Todos los programas están fundamentados en la Metodología de Fertilización y Riego Racional. Se han desarrollado conforme con los siguientes factores y consideraciones, con el objetivo de lograr con eficiencia y seguridad, un tratamiento lógico de los suelos:

a) **Preliminares:** Conductividad, pH, y determinación de la Clase de Suelo (ácido, alcalino, salino o sódico). Además: Condiciones Físicas y Fichas de Manejo y Adecuación Ambiental del campo.

b) **Disponibilidad de Micro-nutrientes** en función del pH y análisis de laboratorio.

c) **Determinación de la Textura y otras características del Suelo.**

d) **Recomendaciones para la corrección del pH** si procediere.

e) **Determinación del Requerimiento de Nitrógeno** (Tomando en cuenta el Máximo Rendimiento Económico del cultivo en cuestión).

f) **Determinación del Requerimiento de Fósforo y Potasio.**

g) **Formulación de la Fertilización a Usar** (Abono a aplicar por hectárea, por año)

h) **Análisis de Necesidades y Propiedades del Agua de Regadío;** e inclusión de los nutrientes aportados por ésta al proceso de fertilización.

Logística de los Muestreos y Análisis

Esta depende del proyecto de que se trate: en el presente proyecto tomamos muestras en varios puntos y "cuarteándolas" se conforma una sola muestra compuesta por cada tipo de cultivo; en otros proyectos se deben tomar muestras y analizarlas por cada tipo de terreno, en campos de golf se toma una muestra por cada Green, etcétera.

En este caso dividimos el presente trabajo en dos partes: la primera, referente a la fertilización de los componentes paisajísticos del campo (muestras referentes a las plantas ornamentales).

La segunda se refiere a una muestra compuesta conformada de varios puntos donde está sembrada la grama.

COMPONENTE 1: PAISAJISMO (Plantas Ornamentales)

Proyecto XXX

1.4

Datos de Cultivo

Cultivo :   Plantas Ornamentales

Variedad :   General

Etapa de Crecimiento Recomendación :   120-150 dias

Rendimiento Esperado :   20   MT/ha

Método de Cultivo :   General

Unidades : kg/ha   Requerimientos Nutricionales :   Requerimiento de : 30   Dias

Formas de N																	
N Total	N-NO3	N-NH4	N-NH2	P2O5	K2O	CaO	MgO	S	B	Fe	Mn	Zn	Cu	Mo	Na	HCO3	Cl
39.8				12.9	78.2	26	5.3										

Proporciones en   kg/ha

P2O5:N = 1:3.09   N:K2O = 1:1.96   MgO:CaO = 1:4.91   MgO:K2O = 1:14.75

Balance catiónico-aniónico (%me   Falta la forma iónica del nitrógeno

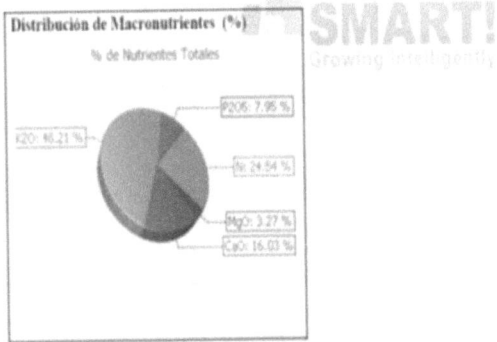

Distribución de Macronutrientes (%)
% de Nutrientes Totales
P2O5: 7.95 %
K2O: 46.21 %
N: 24.54 %
MgO: 3.27 %
CaO: 16.03 %

JNFaña
información@grupoghen.com

Aplicación de Fertilizantes

Receta costo :   0   *Costo Total/ha*

Nombre	Aplicación	Conc. de ácido (%)	Unidad
Potassium Chloride (MOP)	123.79		kg/ha
Urea	57.1		kg/ha
Fosfato Monoamónico	21.12		kg/ha

Requerimiento de :   30   *Días*

Aplicación de Nutrientes

Unidades :   kg/ha

Aplicación Total de Nutrientes

N Total	N-NO3	N-NH4	N-NH2	P2O5	K2O	CaO	MgO	S	B	Fe	Mn	Zn	Cu	Mo	Na	HCO3	Cl
39.8	0	2.53	26.27	12.9	78.2	18.68	11	2.17	0	0.25	0	0.05	0.05	0	11	0	57.02

Proporciones :   P N = 1 5 146   N K = 1 2 15

Dureza Total :   *kg/ha como CaCO3*

CE Estimada del Agua :   0.53   *dS/m*

pH Estimado del Agua :   0.00

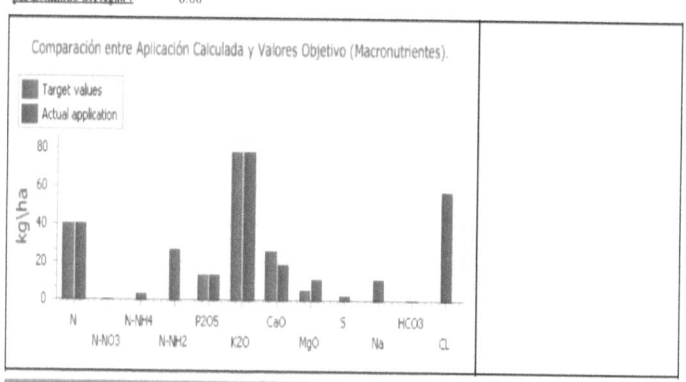

Comparación entre Aplicación Calculada y Valores Objetivo (Macronutrientes).

Aporte de Fertilizantes

Fertilizantes	Aplicación		Nutrientes (kg/ha)										
			N Total	N-NO3	N-NH4	N-NH2	P	K	Ca	Mg	S	B	Fe
Potassium Chloride (MOP)	123.79	kg/ha	0	0	0	0	0	61.9	0	0	0	0	0
Urea	57.1	kg/ha	26.27	0	0	26.27	0	0	0	0	0	0	0
Fosfato Monoamónico	21.12	kg/ha	2.53	0	2.53	0	5.6	0	0	0	0	0	0

Fuente de Agua

Concentración en : ppm (agua)

Agua Total : 500 m3/ha/30 días

Formas de N				PO4	K	CaCO3	MgO	SO4	B	Fe	Mn	Zn	Cu	Mo	Na	HCO3	Cl
N Total	N-NO3	N-NH4	N-NH2														
22				0.21	6	67	22	13		0.6		0.1	0.1		22	2	0.15

Proporciones en ppm (agua)

PO4:N = 1:104.76 K:N = 1:3.67 MgO:CaCO3 = 1:3.05 K:MgO = 1:3.67

Balance catiónico-aniónico (%meq/l) : Falta la forma iónica del nitrógeno.

Parámetros :

CE 0.41 ds/m TDS: 84.14 ppm Dureza Total : 122.32 ppm (agua) como CaCO3

pH: 6.8 RAS : 0.60

Distribución de Macronutrientes (%ppm (agua))

Micronutrientes :

Información	Peligro de Salinidad: Medio.
Información	Peligro de Sodio: Bajo.

Observaciones:

Como podemos observar a continuación, el programa trabaja automáticamente y toma en cuenta los aportes de nutrientes provenientes del agua de regadío, en el cálculo de los nutrientes que hay que aplicar al cultivo. Veamos en este caso.

JNFaña
información@grupoghen.com

1. Los nutrientes requeridos para el cultivo de estas plantas ornamentales son:

Aplicación de Nutrientes																	

Unidades: kg/ha

Aplicación Total de Nutrientes																	
N Total	N-NO3	N-NH4	N-NH2	P2O5	K2O	CaO	MgO	S	B	Fe	Mn	Zn	Cu	Mo	Na	HCO3	Cl
39.8	0	2.53	26.27	12.9	78.2	18.68	11	2.17	0	0.25	0	0.05	0.05	0	11	0	57.02

Nota: el requerimiento de cloruro es suplido en este caso por el Cloruro de Potasio indicado en el aporte de Fertilizantes (ver más adelante)

2. Conforme con el programa se calcula que solo se necesita aplicar los siguientes nutrientes: 123.79 kg/ha de Cloruro de Potasio, 57.1 kg/ha de Urea y 21.12 kg/ha de Fosfato monoamónico, ya que los demás nutrientes son aportados por el agua; a excepción de casi la totalidad de Cl, que lo aportará el Cloruro de Potasio.

Aporte de Fertilizantes													
Fertilizantes	Aplicación		Nutrientes (kg/ha)										
			N Total	N-NO3	N-NH4	N-NH2	P	K	Ca	Mg	S	B	Fe
Potassium Chloride (MOP)	123.79	kg/ha	0	0	0	0	0	61.9	0	0	0	0	0
Urea	57.1	kg/ha	26.27	0	0	26.27	0	0	0	0	0	0	0
Fosfato Monoamónico	21.12	kg/ha	2.53	0	2.53	0	5.6	0	0	0	0	0	0

3. Como vimos, los contenidos de nutrientes en el agua son los siguientes:

Fuente de Agua																	

Concentración en: ppm (agua)

Agua Total: 500 m3/ha 30 días

Formas de N																	
N Total	N-NO3	N-NH4	N-NH2	PO4	K	CaCO3	MgO	SO4	B	Fe	Mn	Zn	Cu	Mo	Na	HCO3	Cl
22				0.21	6	67	22	13		0.5		0.1	0.1		22	2	0.15

JNFaña
información@grupoghen.com

4. **Veamos un Ejemplo.** La necesidad de Oxido de Magnesio (MgO)en los requerimientos del cultivo es de 11 Kg/ha y el aportado por el agua es de 22 partes por millón (ppm).

- 22 ppm es equivalente a 22 mg/litro de MgO; convirtiendo a Kg/ha tenemos entonces 22 mg de MgO por cada litro. Si se emplean 500 m3 de agua **por hectárea** cada mes, y 1 m3 es igual a 1000 litros, serian entonces 500,000 litros de agua por mes para regar ornamentales.

- Por regla de 3: requerimos 22 mg por 1 litro, entonces

Tenemos: X mg en 500,000 litros...

→ X = 22 x 500,000 = 11,000,000 mg/ha = 11,000 gr/ha

= **11 Kg/ha**

- Como vemos entonces el agua aporta los 11 Kg/ha de MgO necesarios, y así ocurre para otros nutrientes, con lo cual se reducirá el costo de sus fertilizantes.

COMPONENTE 2: CESPED
Datos Preliminares en Suelo

Fecha del muestreo	20/10/	pH del agua	7.85
Total Solidos Disueltos	210	Conductividad Eléct. (dS/m)	0.25
Forma iónica	Ca+Mg+Na+Cl	Tasa de Riego (m3/hectárea)	1002.50

Datos en color marrón (obtenidos in situ

Análisis de Laboratorio – Nutrientes en suelo
Resultados en ppm (excepto los indicados)

Nitrato	16.11	Sulfato	2.20
N-Amonio	0.23	Hierro	42.00
Fosfato	6.85	Cinc	2.03
Potasio	52.13	Cobre	1.20
Calcio	641.21	Cloruro	110.00
Magnesio	183.27	Sodio	61.21
Bicarbonato	36.30	Carbón Orgánico (%)	2.03

Así continuamos con este informe hasta concluir con sus observaciones y recomendaciones. Ahora pasemos a otro ejemplo referente al agua de riego, para que el lector no pierda la oportunidad de observar sus características. Le remitiremos los softwares de nuestra autoría, que empleamos para generarlos y de los comerciales le indicaremos como adquirirlos con sus distribuidores autorizados.

JNFaña
información@grupoghen.com

REPORTE DE CALIDAD DE AGUA DE REGADIO

Este reporte lo ejecutamos para un campo de golf, pero puede ser extrapolado fácilmente a cualquier otro cultivo

INTRODUCCION

El uso eficiente del recurso agua es un factor fundamental para alcanzar el éxito en las operaciones de manejo de campos de y sobre todo para poder garantizar las condiciones de juego consistentes, a lo largo de todo el año.

El tejido vegetal está constituido por células que son "contenedores" de agua, las cuales poseen entre 70 % y 80% de su peso en agua.

En otro aspecto, los requerimientos de agua por parte de las distintas especies de gramas oscilan por lo general entre los cuatro (4) y ocho (8) litros por metro cuadrado al día, dependiendo principalmente de las condiciones climáticas, edafológicas, especie de grama y de las prácticas de manejo que se apliquen.

Si calculáramos el área bajo riego en algunos campos semejantes al que nos ocupa, estaríamos hablando de una cantidad de agua requerida que oscilaríaposiblemente entre los quinientos mil y los novecientos cincuenta milgalones de agua al día, lo cual constituye una cantidad bastante considerable.

Sabemos que las células vegetales colapsan cuando empiezan a perder agua y si muchas células pierden su turgencia se comienzan a observar los síntomas de estrés hídrico, los cuales normalmente se manifiestan cuando las hojas se enrollan y toman una coloración azulada; las plantas comienzan a marchitarse cuando el contenido de agua baja a un 60 % en base a su peso, sobre todo si esto sucede en un periodo de tiempo corto, un ejemplo de esta condición lo representan los Greens, los cuales normalmente están construidos con un sustrato arenoso el cual presenta por lo general una baja retención de humedad y por otra parte debido a las condiciones de manejo especiales a las que son sometidos presentan una profundidad radical que baja.

Pero por otro lado ocurre que el exceso en la cantidad de agua de riego puede producir enfermedades por crecimiento excesivo de microorganismos o daños metabólicos; y aunque estos cultivos deben ser regados todos los días hay que hacerlo con precaución sobre todo en los días que ocurren precipitaciones naturales y por otra parte deducir que si se dejan de regar (regularmente después de dos días) comenzaran a manifestar síntomas de estrés hídrico, de modo que el equilibrio de los greens en cuanto al manejo del líquido es bastante frágil, por esto el recurso agua debe administrarse de manera muy eficiente.

Lo ideal para contribuir con la preservación oportuna de los recursos hídricos y manejarlos adecuadamente, será limitar el uso del agua a cantidades que sean realmente necesarias, sin defectos, pero sin excesos.

Además, se deberá tener presente una serie de factores que interaccionan con el uso consultivo del agua, entre los más importantes, los factores climáticos y los factores edáficos; los cuales tomaríamos en cuenta en la potencial y futura aplicación de nuestro **Sistema de Fertilización y Riego Racional de Campos de Golf.**

JNFaña
información@grupoghen.com

Entre los factores climáticos con mayor influencia en el consumo de agua por parte de la grama encontramos la temperatura ambiental, pluviosidad, evapotranspiración, velocidad de viento, radiación solar y la humedad relativa, además de las estadísticas existentes sobre los datos climáticos de la región en cuestión.

Por otra parte estos factores varían considerablemente dentro de un campo de golf de acuerdo con la existencia de micro climas generados por condiciones específicas en ciertas áreas del mismo, de modo que el conocimiento profundo de las condiciones climáticas nos permite tener una idea aproximada de las cantidades de agua necesarias para suplementar las precipitaciones naturales con el riego artificial a lo largo de todo el año.

Entre los factores edáficos con mayor influencia encontramos la textura del suelo (Tamaño de partículas), estructura del suelo (Forma como se agrupan las partículas) y el contenido de materia orgánica que influyen directamente sobre la capacidad de retención de humedad, en este sentido se establecen los conceptos de capacidad de campo (CC) el cual define la máxima cantidad de agua retenida por un suelo en su micro porosidad, el punto de marchitez permanente (PMP) el cual define la cantidad de agua retenida en el suelo que no es aprovechable por las plantas debido a que es retenida fuertemente por las partículas del suelo y agua útil (AU) el cual define la cantidad de agua entre la capacidad de campo y el punto de marchitez permanente que es la cantidad de agua disponible para las plantas.

En resumen, la importancia del riego radica en que las plantas necesitan un régimen hídrico para llevar a cabo sus funciones, por lo que una deficiencia en cuanto a este factor se traduce en bajos rendimientos y por lo tanto pérdidas de producción o esplendor, por la ineficiencia con la que las plantas trabajan.

Por otra parte el exceso de agua en las plantas también es perjudicial para ellas, ya que aparte de que asfixia a la planta, crea un ambiente adecuado para que puedan desarrollarse enfermedades y por ende dañar a las plantas y la reducción de su rendimiento.

OBSERVACIONES:

En esta ocasión solo nos ocuparemos: (1) del análisis de laboratorio de una muestra para conocer la calidad del agua que se utiliza para el riego del campo del golf, (2) su análisis iónico para verificar la idoneidad de los datos(3) las características de agresividad del líquido para saber si es incrustante, corrosiva o neutral y (4) del análisis de características químicas; complementado con algunas herramientas gráficas a usar en el futuro para predecir la interacción entre el riego y la fertilización, y representar la calidad del agua mediante gráficos de correlación, gráficos de resumen, gráficos trilineales, mapas temáticos, etc.

1. **ANALISIS DE LABORATORIO - CALIDAD DEL AGUA:**

Caracterización de una (01) muestra de agua de regadío, dividida en 4 sub-muestras.

METODOLOGIA GENERAL E INSTRUMENTACION

Los análisis de las muestras se realizaron por procedimientos estandarizados, usando técnicas analíticas propuestas por el Standard Methods for the Examination of Water and Wastewater (WEF-AWWA-APHA) usando equipos de fabricación alemana, marca HACH, que incluyen electrodos, colorímetros, titulaciones, espectrofotometría y otros equipos.

(1) **Espectrofotómetro DR 4000 U:** Es el espectrofotómetro más moderno de la compañía HACH Co. Con éste pueden analizarse más de 120 parámetros en una muestra de agua, 84 de los cuales vienen pre-programados y certificados

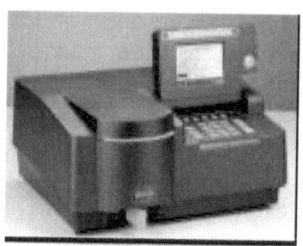

de fábrica y los demás pueden ser programados por el usuario siguiendo metodologías indicadas por el fabricante. El equipo puede hacer mediciones en el rango de luz visible y ultravioleta, lo cual expande aún más sus posibilidades analíticas.

(2)**Medidor Sension2 para electrodos Ión-Selectivos (ISE METER): Este** equipo nos sirve para realizar mediciones avanzadas de pH, Oxidación-Reducción Potencial, concentración de Fluoruros, Cianuro, Plata, Plomo, Níquel y otros metales pesados. Permite la conexión de múltiples electrodos y ofrece lecturas de los parámetros con compensación automática de temperatura, la cual es desplegada junto a la medición en cuestión. También posee una salida RS232 para su conexión mediante interfase a una computadora.

(3)**Reactor DQO digitalizado, Modelo DRB 200:** Este es el reactor DQO más moderno fabricado por la prestigiosa empresa alemana HACH Co. Para la determinación de la Demanda Química de Oxígeno empleamos el METODO 8000 de digestión en reactor DQO DRB 200 para múltiples muestras (Aprobado por la EPA). El reactor tiene

programación certificada desde la fábrica, para ejecutar la digestión necesaria en las pruebas especializadas tales como TOC, DQO, metales pesados, trihalometanos y otros parámetros de importancia hidroecológica.

JNFaña
información@grupoghen.com

PARAMETROS MICROBIOLOGICOS

La determinación de los Coliformes Fecales (CF) y otros parámetros microbiológicos, fue realizada mediante el método de incubación en membranas con el medio adecuado para facilitar el crecimiento de los microorganismos, si éstos existiesen en la muestra.

Para los CT se incubó a temperatura de 35.0±0.5 ° C, para los otros se emplean 44.5±0.2 ° C de temperatura.

PRESERVACION Y TRANSPORTE

Para preservar la matriz de agua, se guardó en una nevera plástica, tras las adiciones necesarias y hielo suficiente para su conservación a 4° C.

PROCEDENCIA Y DENOMINACION DE LAS MUESTRAS

La muestra procede de XxXxXxX; fue tomada al lado de la bomba de impulsión del agua de regadío, el día diez (10) de Mayo del año dos mil diez y siete (2017). Se denominó como M1.

Gracias a que poseemos equipos, insumos y procedimientos modernos, estamos en capacidad de realizar muchos análisis utilizando pequeños volúmenes.

Datos análisis de agua

Fecha del muestreo	10/05/2017	pH del agua	7.63
Total de Sólidos Disueltos	707	Conductividad Eléctrica (dS/m)	0.998
Forma iónica	Entre Mg +Cl y Mg+Na+Cl	Tasa de Riego (m3/hectárea)	Desconocida a la fecha

Tasa de Riego- la cantidad total del agua de riego por hectárea, que se aplica al cultivo durante el período a cual se refieren los valores objetivo.

JNFaña
información@grupoghen.com

ANALISIS EXHAUSTIVO DE LA MUESTRA
Para incrementar la precisión se dividió en 4 sub-muestras

GRUPO HIDRO-ECOLOGICO NACIONAL. INC.

Procedencia: **XxXxXxX**

USUARIO: JNFaña **FECHA** 17/05/2017

----------- M U E S T R A S -----------

	M1	M2	M3	M4	Promedio
Cloruros:	91.41	90.56	90.73	90.61	90.83
Sulfatos	38.29	37.88	37.97	37.91	38.01
Bromuros	0.58	0.57	0.57	0.57	0.57
Boratos	0.03	0.03	0.03	0.03	0.03
Fluoruros	0.09	0.09	0.09	0.09	0.09
Sodio	30.58	30.26	30.33	30.28	30.36
Magnesio	23.36	23.01	23.09	23.03	23.13
Calcio	15.86	15.70	15.73	15.71	15.75
Potasio	13.32	13.28	13.29	13.28	13.29
Estroncio	0.01	0.01	0.01	0.01	0.01
TDS ? ? ?	707.00	699.58	701.10	700.00	701.92
Bicarbonato	24.04	23.79	23.84	23.80	23.87
Carbono	0.57	0.56	0.56	0.56	0.56
Nitrato	38.61	38.41	38.45	38.42	38.47
Silice	0.943	0.933	0.935	0.933	0.94
Argon	0.009	0.009	0.009	0.009	0.01
Litio	0.015	0.014	0.015	0.015	0.01
Rubidio	0.010	0.010	0.010	0.010	0.01
Fosfato	1.505	1.468	1.476	1.470	1.48
Yodo	0.005	0.005	0.005	0.005	0.01
Bario	0.002	0.002	0.002	0.002	0.00
Molidebno	0.001	0.001	0.001	0.001	0.00
Arsenico	0.0004	0.0003	0.0004	0.0003	0.00
Uranio	0.0003	0.0003	0.0003	0.0003	0.00
Vanadio	0.0002	0.0002	0.0002	0.0002	0.00
Aluminio	0.0002	0.0002	0.0002	0.0002	0.00
Hierro	0.0052	0.0052	0.0062	0.0052	0.01
Niquel	0.0001	0.0001	0.0001	0.0001	0.00
Titanio	0.0001	0.0001	0.0001	0.0001	0.00
Metales Totales	0.2279	0.2234	0.2243	0.2236	0.22

Análisis de Laboratorio

Parámetros necesarios para los Cálculos

Como se verá más adelante, vamos a ejecutar algunos cálculos que nos ayudaran a definir con un alto grado de precisión, las características del agua que se utilizará para regar este campo; y que se requerirán en el futuro para otras investigaciones.

Resultados en ppm (excepto los indicados)

PARAMETROS REQUERIDOS	VALOR PROMEDIO
Nitrato	38.47
Amonio	0.10
Fosfato	1.48
Potasio	13.29
Calcio	15.75
Magnesio	23.13
Coliformes Totales (NMP/100 ml)	1200
RAS	1.14
Carbonatos	45.65
Carbonato de Calcio CaCO3	67.00
Sulfato	38.01
Hierro	0.01
Cinc	0.04
Cobre	0.10
Sodio	30.36
Cloruro	90.83
Coliformes Fecales (NMP/100 ml)	100
Metales Pesados Totales	0.22
Bicarbonatos	23.87
Cloro	0.00

NORMAS INTERNACIONALES-REUSO DE AGUA RESIDUAL 1

Recommended microbiological quality guidelines for treated wastewater used for crop irrigation[a]

Category	Reuse conditions	Exposed group	Intestinal nematodes[b] (arithmetic mean no. of eggs per litre[c])	Faecal conforms (geometric mean no. per 100 ml[c])	Wastewater treatment expected to achieve the required microbiological quality
A	Irrigation of crops likely to be eaten uncooked, sports fields, public parks	Workers, consumers, public	≤1	≤1000[d]	A series of stabilization ponds designed to achieve the microbiological quality indicated, or equivalent treatment
B	Irrigation of cereal crops, industrial crops, fodder crops, pasture and trees[e]	Workers	≤1	No standard recommended	Retention in stabilization ponds for 8-10 days or equivalent helminth and faecal coliform removal
C	Localized irrigation of crops in category B if exposure of workers and the public does not occur	None	Not applicable	Not applicable	Pretreatment as required by the irrigation technology, but not less than primary sedimentation

Source: World Health Organization (1989).

[a] In specific cases, local epidemiological, sociocultural and environmental factors should be taken into account, and the guidelines modified accordingly.
[b] Ascaris and Trichuris species and hookworms.
[c] During the irrigation period.
[d] A more stringent guideline (≤200 faecal coliforms per 100 ml) is appropriate for public lawns, such as hotel lawns, with which the public may come into direct contact.
[e] In the case of fruit trees, irrigation should cease two weeks before fruit is picked, and no fruit should be picked off the ground. Sprinkler irrigation should not be used.
[f] Also called drip or trickle irrigation.

Fuente: World Health Organization, Geneva, 1996

JNFaña
información@grupoghen.com

NORMAS INTERNACIONALES DE REUSO DEL AGUA RESIDUAL 2

Variable	Unidad de Medida	Valor Límite Máximo Permisible
FÍSICOS		
pH	Unidades de pH	6,0 - 9,0
Conductividad	µS/cm	1.500,0

Variable	Unidad de Medida	Valor Límite Máximo Permisible
MICROBIOLÓGICOS		
Coliformes Termotolerantes	NMP/100 mL	1,0*E(+4)
Enterococos Fecales	NMP/100 mL	1,0
Helmintos Parásitos Humanos	Huevos y Larvas/L	1,0
Protozoos Parásitos Humanos	Quistes/L	1,0
Salmonella sp	NMP/100 mL	1,0
QUÍMICOS		
Fenoles Totales	mg/L	0,002
Hidrocarburos Totales	mg/L	1,0
Biocidas		
2,4 D ácido	mg/L	0,0001
Diurón	mg/L	0,0001
Glifosato	mg/L	0,0001
Mancozeb	mg/L	0,0001
Propineb	mg/L	0,0001
Iones		
Cianuro Libre	mg CN^-/L	0,2
Fluoruros	mg F^-/L	1,0
Metales		
Aluminio	mg Al/L	5,0
Berilio	mg Be/L	0,1
Cadmio	mg Cd/L	0,01
Cinc	mg Zn/L	3,0
Cobalto	mg Co/L	0,05
Cobre	mg Cu/L	1,0
Cromo	mg Cr/L	0,1
Hierro	mg Fe/L	5,0
Litio	mg Li/L	2,5
Manganeso	mg Mn/L	0,2
Mercurio	mg Hg/L	0,002
Molibdeno	mg Mo/L	0,07
Níquel	mg Ni/L	0,2
Vanadio	mg V/L	0,1
Metaloides		
Antimonio	mg Sb/L	0,05
Arsénico	mg As/L	0,1
No Metales		
Selenio	mg Se/L	0,02
Otros		
Cloro Total Residual (con mínimo 30 minutos de contacto)	mg Cl_2/L	Menor a 1,0
Nitratos	mg NO_3^--N/L	5,0

Fuente: Recopilación de normas internacionales.
Uso agrícola* En Áreas verdes, jardines, en parques y en deportes.

JNFaña
información@grupoghen.com

Metodologías para el análisis del agua

- pH: Determinación por método potenciométrico.
- Conductividad Eléctrica (CE): Determinación por Conductimetría del extracto de saturación.
- Materia Orgánica (MO): Digestión húmeda (Walkley-Black). Determinación por colorimetría.
- Fósforo: Extracción por Bray II. Determinación por colorimetría.
- Cationes Intercambiables (calcio, magnesio, sodio y potasio): Extracción con acetato de amonio, 1N, pH 7. Determinación por espectroscopia de absorción atómica.
- Elementos menores (hierro, cobre, manganeso y cinc): Extracción por Mehlich I o doble ácido. Determinación por espectroscopia.
- Boro: Extracción con agua caliente. Determinación por colorimetría (Azomethina-H).
- Azufre: Extracción con fosfato de calcio. Determinación por turbidimetría
- OTROS: Espectro-fotometría y/o colorimetría

A continuación anexamos las observaciones y recomendaciones que detectamos preliminarmente, respecto a la calidad del agua de riego usada.

JNFaña
información@grupoghen.com

Casi todos los parámetros determinados en esta jornada cumplen con las normativas correspondientes; no obstante hay dos situaciones que ofrecen oportunidades de mejora:

PRIMERA OPORTUNIDAD DE MEJORA:

. La inexistencia de cloro en el líquido favorece el crecimiento de microorganismos, que aunque en esta jornada no sobrepasan la norma de 1000 NMP/100 mL indicada por la Organización Mundial de la Salud (OMS), pero que en el futuro podrían recrecer y sobrepasarla, si se presentasen condiciones desfavorables de temperatura, contenido de nutrientes y existencia de áreas estancadas.

Para evitar que ocurra este fenómeno adverso, se sugiere inyectar cloro en el sistema de bombeo, esto podría hacerse con un sistema simple, integrado por un recipiente para la solución clorada, tuberías de distribución, bomba peristáltica y los accesorios correspondientes.

SEGUNDA OPORTUNIDAD DE MEJORA:

El contenido de Nitratos en en agua es bastante considerable, esto no es desfavorable en sí mismo, al contrario es conveniente para colaborar con la fertilización del campo; pero debe de tenerse en cuenta al proceder con la fertilización química del pasto, para no sobre-fertilizarlo y provocar daños potenciales

2. ANALISIS IONICO

PARA ASEGURAMIENTO DE LA CALIDAD DE ANALISIS DEL AGUA

ANALISIS IONICO DEL AGUA Las celdas de color verde están disponibles para recibir los datos

				Software desarrollado
ar el f [vi..o _e ( ]R e t Cor er lo (m r f] ii				Por: J. N. Faña
Investigador	J. N. Faña B.			Mayo 2003, Rep. Dom.
Lugar y fecha	_a\ \ i ilc.l .i .ir ..z_di el 19/05/2017			
Promotor	[in il / a\ rc			
Anotaciones:	Se tomó el promedio de los resultados por parámetro - Los resultados en agua destilada solo para comparación			

Concentraciones (mg/L)

Sel	Referencia	Fecha	Ca^{+2}	Mg^{+2}	Na^+	K^+	HCO_3	NO_3	SO^{-2}_4	CL^-
1	Muestra 1	19/05/2017	15.75	23.13	30.36	13.29	23.87	38.47	38.01	90.83
2	Muestra 2	...	0.00	0.00	0.00	0.00	0.00	0.00	0.00	0.00
3	Muestra 3	...	0.00	0.00	0.00	0.00	0.00	0.00	0.00	0.00
4	Destilada A	19/05/2017	1.40	0.60	1.50	0.39	0.01	0.04	2.66	4.88
5	Destilada B	19/05/2017	1.20	0.62	1.45	0.40	0.02	0.03	2.19	4.90

Concentraciones (meq/L)

Sel	Referencia	Fecha	Ca^{+2}	Mg^{+2}	Na^+	K^+	HCO_3	NO_3	SO^{-2}_4	CL^-
1	Muestra 1	19/05/2017	0.79	1.90	1.32	0.34	0.39	0.62	0.79	2.56
2	Muestra 2	...	0.00	0.00	0.00	0.00	0.00	0.00	0.00	0.00
3	Muestra 3	...	0.00	0.00	0.00	0.00	0.00	0.00	0.00	0.00
4	Destilada A	19/05/2017	0.07	0.05	0.07	0.01	0.00	0.00	0.06	0.14
5	Destilada B	19/05/2017	0.06	0.05	0.06	0.01	0.00	0.00	0.05	0.14

Concentraciones (meq/L%)

Sel	Referencia	Fecha	Ca^{+2}	Mg^{+2}	Na^+	K^+	HCO_3	NO_3	SO^{-2}_4	CL^-
1	Muestra 1	19/05/2017	9.02	21.80	15.17	3.94	4.50	7.07	9.10	29.41
2	Muestra 2	...	0.00	0.00	0.00	0.00	0.00	0.00	0.00	0.00
3	Muestra 3	...	0.00	0.00	0.00	0.00	0.00	0.00	0.00	0.00
4	Destilada A	19/05/2017	17.98	12.69	16.81	2.59	0.04	0.16	14.28	35.44
5	Destilada B	19/05/2017	16.23	13.80	17.11	2.80	0.08	0.13	12.38	37.47

Datos Adicionales

Sel	Referencia	Fecha	mp/L TDS	dS/cm CE	ΣAniones	ΣCationes	% diferencia
1	Muestra 1	19/05/2017	14.36	0.03	4,362	4,350	-0.145
2	Muestra 2	...	0.00	0.00	0,000	0,000	0.000
3	Muestra 3	...	0.00	0.00	0,000	0,000	0.000
4	Destilada A	19/05/2017	0.64	0.00	0,194	0,194	0.148
5	Destilada B	19/05/2017	0.61	0.00	0,185	0,184	-0.113

Otros Datos

Sel	Referencia	Fecha	Balance	Tipo de agua
1	Muestra 1	19/05/2017	1.0029	Mg+Na+Cl
2	Muestra 2	...	0.3923	
3	Muestra 3	...	0.3923	
4	Destilada A	19/05/2017	0.9970	Ca+Mg+Na+SO4+Cl
5	Destilada B	19/05/2017	1.0023	Ca+Mg+Na+SO4+Cl

Grupo Hidro-ecologico Nacional, Inc.   ••• **Observaciones** ••

Si Σ Aniones<0.3	->% Acept=± 0.2	Respecto al porcentaje de diferencia en los analisis de las muestras:
Si Σ Aniones ≤10	->% Acept=± 2.0	Dado que la suma de aniones es 4.36, el % de diferencia entre aniones
Si Σ Aniones >10	->% Acept=± 5.0	y cationes es aceptable, al ser inferior a 2 unidades.

GRAFICAS DE LOS RESULTADOS

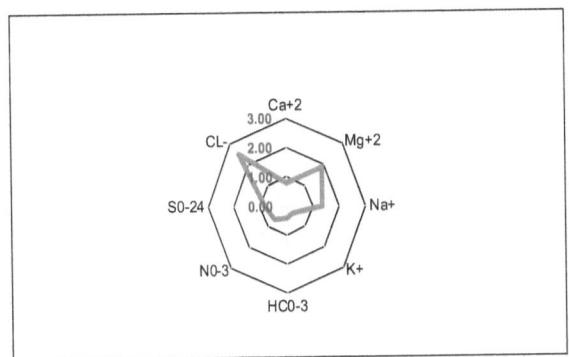

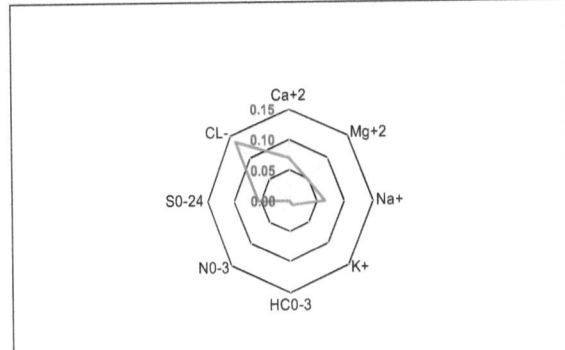

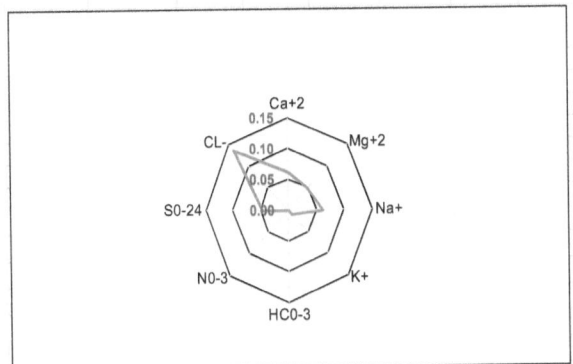

RELACION GRAFICA ENTRE PARAMETROS POR MUESTRA

Concentraciones indicadas en meq/L

JNFaña
información@grupoghen.com

Observaciones y recomendaciones

Respecto al análisis iónico exclusivamente

1. Considerando que la suma de aniones en la muestra es 4.36, y el porcentaje de diferencia entre aniones y cationes equivalente a -0.145 es aceptable; al ser dicho porcentaje inferior a las 2 unidades.

2. Confirmamos así la consistencia y calidad de los resultados analíticos realizados en el laboratorio.

3. En la muestra de agua de regadío, solo el parámetro Cloruro sale del círculo de los 2 meq/L, por lo que es este el único parámetro iónico que debe mantenerse en observación en el futuro, pues podría afectar la productividad del césped.

3. AGRESIVIDAD DEL AGUA

Chequeamos también la agresividad del agua, a fin de prevenir futuros daños potenciales al sistema de conducción del líquido.

Por cuestión de formato del texto no se nos permite agrandar los resultados para mejor visualización, pero el software le será enviado a los lectores que hayan comprado el libro, para su análisis más exhaustivo.

Las aguas agresivas son aquellas que actuando sobre piezas metálicas, tuberías, construcciones de concreto o concreto armado, pueden entrar en reacción con algunos de sus componentes y aumentar la oxidación, la porosidad o causar entaponamientos o fisuras, haciendo la estructura más vulnerable ante la acción de agentes físicos, antes esa situación adversa.

Cálculo de los Índices de Langelier (LSI), Ryznar (RSI), Puckorius (PSI), Larson-Skold (LI)
y del Índice de Saturación (IS), según el Método 2330B del Standard Methods

Cortesía de:

1. CÁLCULO DE LOS INDICES DE LANGELIER, RYZNAR y PUCKORIUS

CENTRO
CANARIO
DEL
AGUA

PARÁMETRO	UNIDADES	VALOR
pH		7,63
C.E	µS/cm	998
TDS	mg/L	639
Ca^{+2}	mg/L	15.75
Ca^{+2}	mg/L $CaCO_3$	39.28
HCO_3^-	mg/L	23.87
CO_3^b	mg/L	45.65
*Alcalinidad	mg/L $CaCO_3$	94.4
A		0.18
B		1.79
C		1.19
D		1.97
phsaturación		8.10
pHeq		7.56

Introduzca en la Tabla los valores concretos de su agua para pH, C.E (µS/cm), Ca^{+2} (mg/L), HCO_3^- (mg/L), CO_3^b (mg/L) y Tª. (CELDAS COLOR AZUL)

PARAMETROS ADICIONALES

Cloruro (en mg/L): Cl⁻	90.13	
Sulfato (en mg/L): SO_4^o	38.01	

Tª	ºC	30.1

Langelier (LSI)		-0.5
Ryznar (RSI)		8.6
Puckorius (PSI)		8.6

Fuentes: - BLAKE, R.T. Water treatment for HVAC and potable water systems (1980) Ed. Mc Graw - Hill

http://www.corrosion-doctors.org/NaturalWaters/Puckorius.htm

1.1

INDICES DE LANGELIER, RYZNAR Y PUCKORIUS: MÉTODO DE CÁLCULO, NOTAS E INTERPRETACIÓN DE RESULTADOS

Método para el cálculo del Índice de Langelier (LSI)

$LSI = pH_A - pH_S$ donde

pH_A = pH actual del agua
pH_S = pH de saturación o pH al cual se logra el equilibrio calcocarbónico del agua

$pH_S = (9,3 + A + B) - (C + D)$ (Ecuación 1)

donde,
A = (Log [TDS] -1)/10
B = -13,12 x Log (ºC + 273) + 34,55
C = Log [Ca^{+2} como $CaCO_3$]
D = Log [Alcalinidad como $CaCO_3$]

Método para el cálculo del Índice de Ryznar (RSI)

$RSI = 2(pH_S) - pH_A$ donde

pH_A = pH actual del agua
pH_S = pH de saturación o pH al cual se logra el equilibrio calcocarbónico del agua (se calcula mediante la Ecuación 1)

Método para el cálculo del Índice de Puckorius (PSI)

$PSI = 2(pH_{EQ}) - pH_S$
donde,
$pH_{EQ} = 1,465 x Log [Alcalinidad] + 4,54$

1.2

Notas

[1] Alcalinidad = $[HCO_3^-] + 2[CO_3^{2-}] + [OH^-] - [H^+]$. Se trata de la definición más rigurosa en términos de concentraciones molares. En la práctica, podemos despreciar los dos últimos términos de la ecuación. Para el cálculo de los Índices de Ryznar y Langelier hay que expresar la alcalinidad en mg/L de $CaCO_3$

[2] El Índice de Puckorius (Practical Scaling Index) usa el pH de equilibrio en lugar del pH actual del agua para determinar su carácter agresivo o incrustante. De esta manera tiene en cuenta la capacidad tampón del agua. Se trata de un índice con mucha utilidad práctica.

[3] Para el cálculo de los Sólidos Suspendidos Totales (TDS) se utiliza una aproximación:

TDS (mg/L) = CE (µS/cm) x 0,64. NOTA: Para aguas desaladas es más correcto multiplicar la CE por 0,5 (Valores de 0,51 a 0,53 son más exactos)

INTERPRETACIÓN DE LOS RESULTADOS

Índice de Langelier: -0.5

Si IL = 0, agua en equilibrio químico
Si IL < 0, agua con tendencia a ser corrosiva
Si IL > 0, agua con tendencia incrustante

Según el R.D. 140/2003 por el que se establecen los criterios sanitarios de calidad de las aguas de consumo humano el agua en ningún momento podrá ser ni agresiva ni incrustante. El resultado de calcular el Índice de Langelier debería estar comprendido en

Fuente: Carrier System Design Manual, Part 5: Water Conditioning, Carrier Corporation, Syracuse, N.Y., 1968, p. 5-14.

1.3

Índice de Ryznar: 8.6

IR de 4,0 - 5,0, Fuertemente incrustante
IR de 5,0 - 6,0, Ligeramente incrustante
IR de 6,0 - 7,0, Adecuada
IR de 7,0 - 7,5, Ligeramente corrosiva
IR de 7,5 - 9,0, Fuertemente corrosiva
IR de 9,0 y mayor, intolerablemente corrosiva

Fuente: Carrier System Design Manual, Part 5: Water Conditioning, Carrier Corporation, Syracuse, N.Y., 1968, p. 5-14.

Índice de Puckorius: 8.6

PSI < 4,5 Tendencia a la incrustación
4,5 < PSI < 6,5, Rango óptimo (No hay corrosión)
PSI > 6,5 Tendencia a la corrosión

Fuente: http://www.process-cooling.com/CDA/ArticleInformation/Water_Works_Item/0,3677,29759,00.html

1.4

JNFaña
información@grupoghen.com

2. CÁLCULO DEL ÍNDICE DE LARSON

Introduzca en la Tabla los valores concretos de su agua para Cl^-, SO_4^{2-}, HCO_3^- y CO_3^{2-} (CELDAS COLOR AMARILLO)

PARÁMETRO	UNIDADES	VALOR
Cl^-	mg/L	90.13
SO_4^{2-}	mg/L	38.01
HCO_3^-	mg/L	23.87
CO_3^{2-}	mg/L	45.65
Cl^-	meq/L	2.5
SO_4^{2-}	meq/L	0.79
HCO_3^-	meq/L	0.39
CO_3^{2-}	meq/L	1.521666667
Larson (LI)		1.7

Fuente: http://www.corrosion-doctors.org/NaturalWaters/Larson-Skold.htm

2.1

ÍNDICE DE LARSON: MÉTODO DE CÁLCULO, NOTAS E INTERPRETACIÓN DE RESULTADOS

Método para el cálculo del Índice de Larson - Skold

$$IL = ([Cl^-] + [SO_4^{2-}])/([HCO_3^-] + [CO_3^{2-}])$$

Notas

[1] Las concentraciones de cada una de las especies que intervienen en la fórmula deben expresarse en equivalentes por millón (epm) o lo que es lo mismo en meq/L.

[2] El índice de Larson ha sido diseñado para los rangos existentes en los Grandes Lagos (Superior, Michigan, Hurón, Eire y Ontario). Es útil para aguas equilibradas y también las depuradas, en especial las aguas frías (<20ºC). Con aguas con alcalinidad muy baja (por ejemplo aguas desaladas) o alcalinidad muy alta (aguas subterráneas de Tenerife) no funciona bien.

2.2

INTERPRETACIÓN DE LOS RESULTADOS

Índice de Larson - Skold: 1.7

Si ILR < 0,8, No corrosión
Si 0,8 < ILR < 1,2, Corrosión significativa
Si ILR > 1,2 Corrosión elevada

Fuente: T.E., LARSON & R.V., SKOLD, Laboratory Studies Relating Mineral Quality of Water to Corrosion of Steel and Cast Iron (1958) Illinois State Water Survey, Champaign, IL pp. 43-46: ill. ISWS C-71

OBSERVACION: INDICE DE LARSON MODIFICADO

| Relación de Larson Modificado (RLM)

Un valor por debajo de 0.5 no son corrosivas y aquellos con un valor por encima son corrosivos. | $$RLM = \frac{\left(Cl^- + SO_4^{2-} + Na^+ \right)^{1/2}}{Alcalinidad} \left(\frac{T}{25} \right) TRH \ Ec.35$$

Cl: Concentración de cloruros, mgCaCO₃/L; SO₄²⁻: Concentración de sulfatos, mgCaCO₃/L; Na⁺: Concentración de sodio, mgCaCO₃/L; T: Temperatura, °C; TRH: Tiempo de retención hidráulico, Días. | **Utilidades:** Contiene factores que influyen en la corrosión (alcalinidad total, pH y edad del agua-TRH).
Evalúa el potencial de corrosión.

Limitaciones: El término de corrosión, en este contexto, se refiere a la tendencia a causar problemas de agua de color.
Su aplicación es directamente sobre el SDA. |

2.3

GRAFICA   LEYENDA

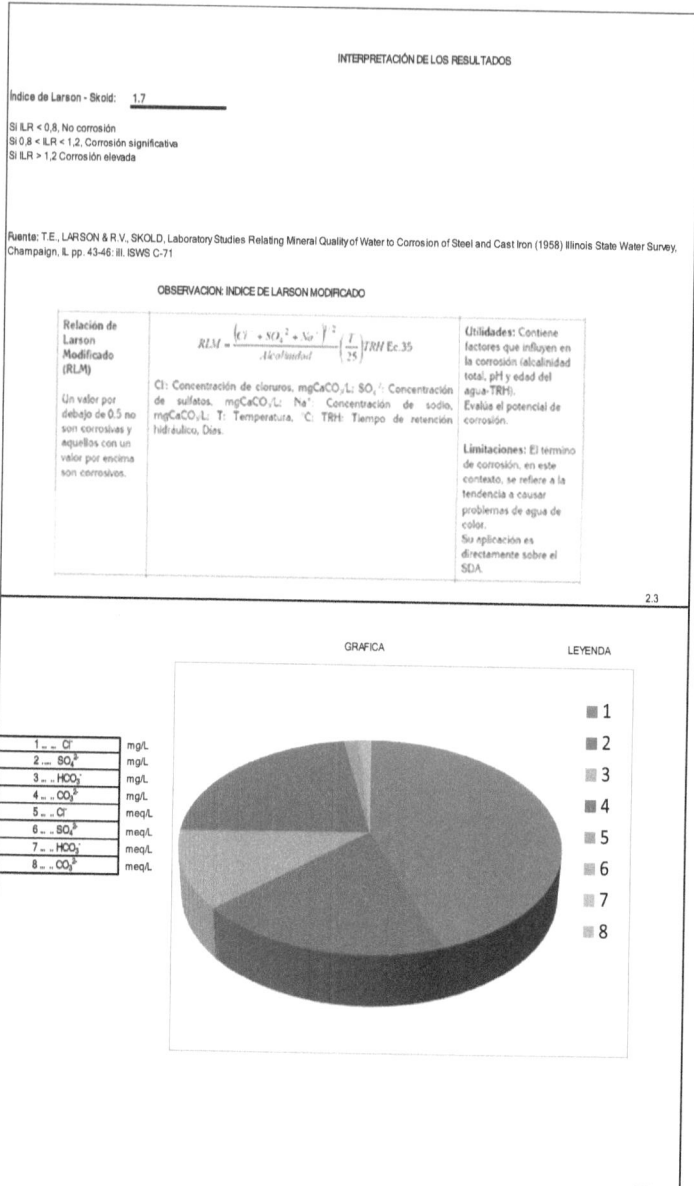

1 ... Cl⁻	mg/L
2 ... SO₄²⁻	mg/L
3 ... HCO₃⁻	mg/L
4 ... CO₃²⁻	mg/L
5 ... Cl⁻	meq/L
6 ... SO₄²⁻	meq/L
7 ... HCO₃⁻	meq/L
8 ... CO₃²⁻	meq/L

■ 1
■ 2
■ 3
■ 4
■ 5
■ 6
■ 7
■ 8

2.4

JNFaña
información@grupoghen.com

3. CÁLCULO DEL ÍNDICE DE SATURACIÓN (IS) SEGÚN EL MÉTODO 2330B DEL STANDARD METHODS

Introduzca en la Tabla los valores concretos de su agua para C.E, Tª, Ca+2 (mg/L), HCO3- (mg/L), CO3= (mg/L) y pH. (CELDAS COLOR VERDE)

PARÁMETRO	UNIDADES	VALOR
CE	µS/cm	998
Tª	ºC	30.1
pK2		10.2867
pKw		13.8280
pK$_{SC}$		8.5107
I	g-mol/L	0.0160
E		76.4339
A		0.5156
pf$_m$		0.0531
Ca+2	mg/L	15.75
Ca+2	g-mol/L	0.0004
pCa+2		3.40
HCO3-	mg/L	23.87
CO3=	mg/L	45.6500
Alc	mg/L de CaCO3	393.7459
Alc	g-equivalentes	0.0079
pAlc		2.1038
pH		7.63
pHs		7.55
IS		0.08

Fuente: AMERICAN PUBLIC HEALTH ASSOCIATION. Standard Methods for the examination of water and wasterwater. (1992) 18ª Ed.

3.1

ÍNDICE DE SATURACIÓN SEGÚN EL MÉTODO 2330 B: MÉTODO DE CÁLCULO, NOTAS E INTERPRETACIÓN DE RESULTADOS

Método de cálculo

$IS = pH_A - pH_S$, donde

pH_A = pH actual del agua
pH_S = pH de saturación o pH al cual se logra el equilibrio calcocarbónico del agua

$pH_S = pK_2 - pK_{SC} + p[Ca_t] + p[Alc_t] + 5pf_m$

donde,

K_2 = Segunda constante de disociación para el ácido carbónico.
K_{SC} = Producto de solubilidad para la calcita.
Ca_t = Calcio total, en g-mol/L.
Alc_t = Alcalinidad total, en g-equivalentes/L.
f_m = Coeficiente de actividad a la temperatura especificada.

Para el cálculo cada uno de los miembros de la ecuación:

$pK_2 = 107,8871+0,03252849T-5151,79/T-38,92561 log_{10}T+563713,9/T^2$, para un rango de temperatura de 273-373 K

$pK_{SC} = 1719065+0,077993T-2839,319/T-71,595log_{10}T$, para un rango de temperaturas de 273-373 K

$pf_m = [(I^{1/2})/(1+I^{1/2})]-0,3I$, válido para I< 0,5)

siendo,

3.2

JNFaña
información@grupoghen.com

81

I = Fuerza iónica

Para calcular I tenemos varias posibilidades:

a) Disponemos de un análisis completo

$I = 1/2 \sum [x_i] z_i^2$

b) Cuando sólo conocemos la conductividad eléctrica

$I = 1.6 \times 10^{-5} \times CE$

c) Cuando sólo conocemos los Sólidos Disueltos Totales (SDT)

$I = SDT/40000$

$A = 1.82 \times 10^6 (ET)^{-1.5}$

siendo,

E = Constante dieléctrica

$E = [60954/(T+116)]-68.937$

NOTAS

[1] Alcalinidad = $[HCO_3^-] + 2[CO_3^{2-}] + [OH^-] - [H^+]$. Se trata de la definición más rigurosa en términos de concentraciones molares. En la práctica, podemos despreciar los dos últimos términos de la ecuación. Para el cálculo de los índices de Ryznar y Langelier hay que expresar la alcalinidad en mg/L de $CaCO_3$

3.3

[2] Se describe el método de cálculo simplificado.

[3] Para el cálculo hemos supuesto que todo el $CaCO_3$ está en forma de calcita ya que es la forma más común en aguas naturales.

[4] Este índice es uno de los más usados para determinar la tendencia del agua a precipitar o disolver $CaCO_3$.

INTERPRETACIÓN DE LOS RESULTADOS

Índice de Saturación: 0.1

Si > 0 indica que el agua está sobresaturada con respecto a la calcita
Si < o indica que el agua está infrasaturada con respecto a la calcita.

Fuente: AMERICAN PUBLIC HEALTH ASSOCIATION. Standard Methods for the examination of water and wastewater. (1992) 18ª Ed.

Observaciones: el agua de regadío tiende a ser corrosiva (entre ligera y fuerte, conforme con los indicadores). Además, de acuerdo al índice de saturación de APHA, el agua es prácticamente neutra respecto a saturarse.

Recomendaciones: se recomienda no usar tuberías de metal para conducir el líquido y evitar el uso de piezas metálicas al dispensarlo (o prever un stock de repuestos).

JNFaña
información@grupoghen.com

4. CARACTERISTICAS QUIMICAS Y GRAFICAS PREDICTIVAS

CALCULOS MEDIANTE EL SOFTWARE AQqA ®

A continuación mostramos la captura de la pantalla de datos correspondientes al programa AQqA.

Corresponden a los valores de los parámetros, determinados mediante análisis de laboratorio.

Name	Unit	M1 Agua regadio
Sample ID		M1 Agua regadio
Date		20/05/2017
Calcium	mg/kg	15.75
Magnesium	mg/kg	23.13
Sodium	mg/kg	30.36
Potassium	mg/kg	13.29
Bicarbonate	mg/kg	23.87
Sulfate	mg/kg	38.01
Chloride	mg/kg	90.13
Dissolved Solids	mg/kg	707
Conductivity	µmho/cm	998
pH		7.63
Chlorine-Cl_2	mg/kg	0.0
Copper	mg/kg	0.1
Nitrate	mg/kg	38.47
Iron	mg/kg	0.01
Phosphate	mg/kg	1.48
Bromine	mg/kg	0.57
Carbon	mg/kg	0.56
Silica	mg/kg	0.94
Zinc	mg/kg	0.04
Turbidity	NTU	5.8
Temperature	°C	30.1
Alkalinity	mg $CaCO_3$/kg	245

ANALISIS AUTOMATIZADO DE LOS DATOS

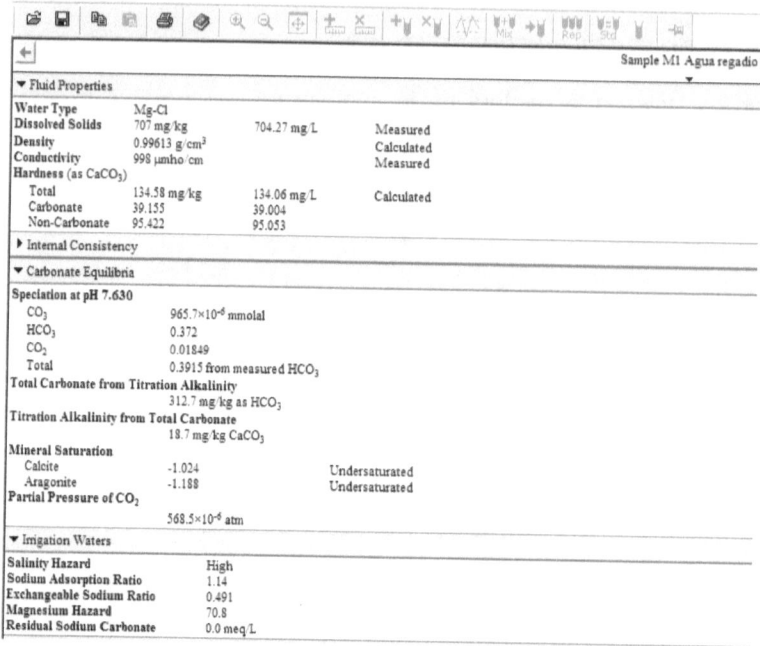

Observación 1 de AQqA.

Del análisis de datos obtuvimos entre otros hallazgos los siguientes:

-La densidad es ligeramente superior a la común para 30° C (**0.99613**en vez de**0.99570** g/cm³)

-La dureza carbonatada y no carbonatada se calcularon (**39.155** y **95.422** mg/Kg respectivamente)

-El equilibrio entre CO3, CO2 y HCO3 produce una alcalinidad del carbonato total (de **18.7** mg/Kg)

- El Índice de saturación según el método AQqA es -1.024 (**es decir que el agua es infrasaturada**)

- Para usarse en irrigación hay 2 aspectos mejorables (**nivel de salinidad y alto contenido de Mg**

información@grupoghen.com

GRAFICAS CON LAS CARACTERISTICAS DEL AGUA

A continuación incluimos algunas herramientas gráficas, generadas por el software AQqA, que podríamos usar en el futuro, junto a otros muestreos y análisis del agua de irrigación, para predecir la interacción entre el método, cantidad y fuente de riego versus el procedimiento, dosificación y materiales utilizados en la fertilización del campo.

Piper Diagram

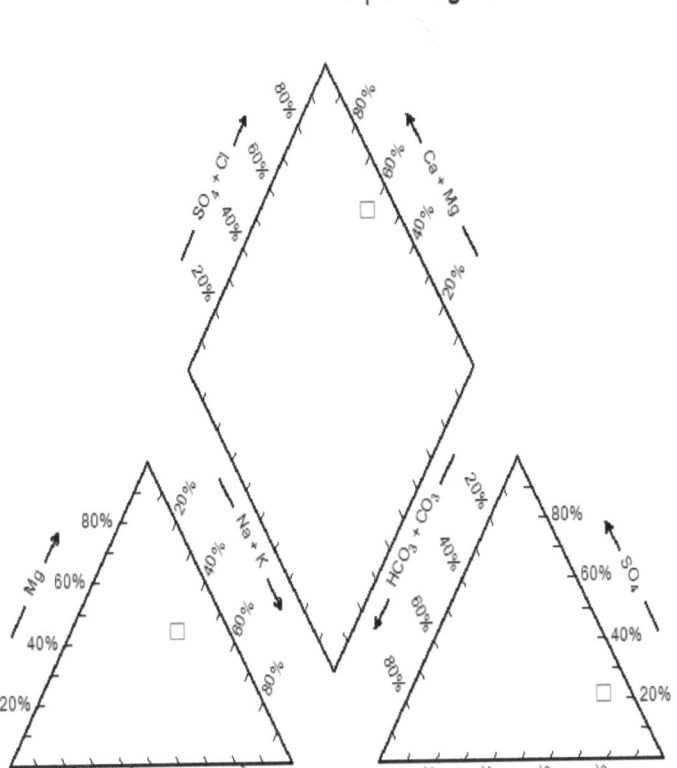

Ternary Diagram

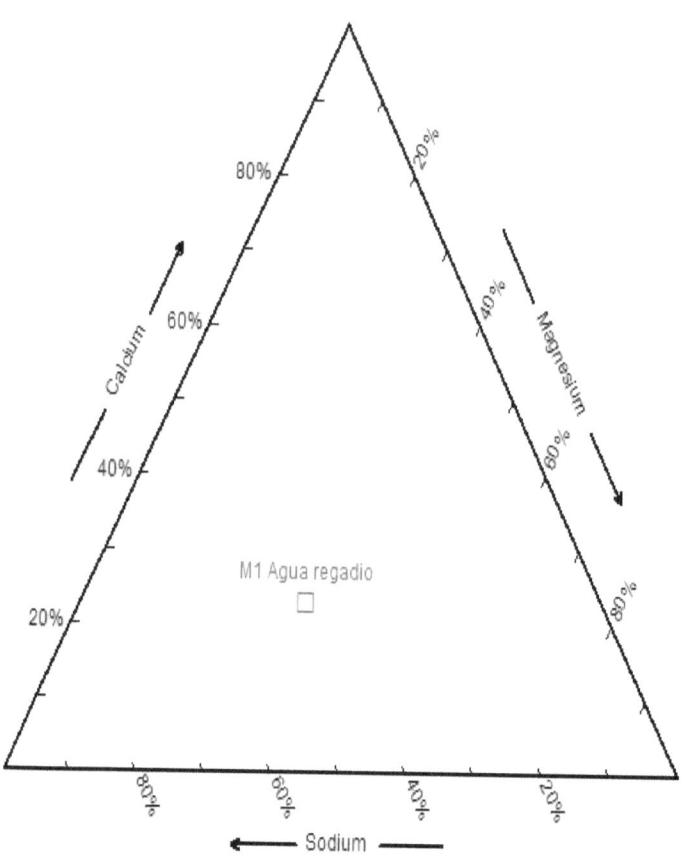

El Software AqQA es un programa comercial distribuido por
RockWare Inc. 2221 East St. #1 Golden, CO.
https://www.rockware.com/product/aqqa/

Ion Balance Diagram

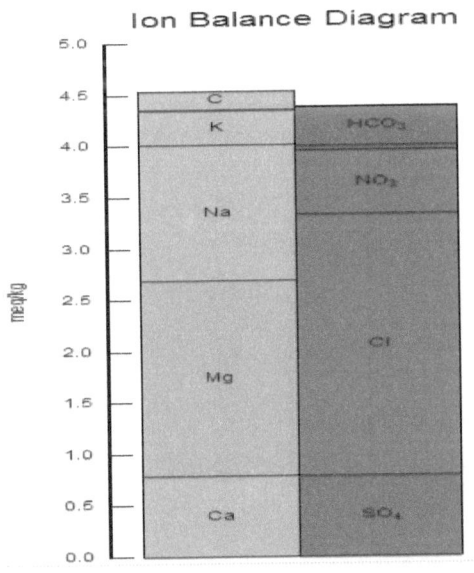

Pie Chart

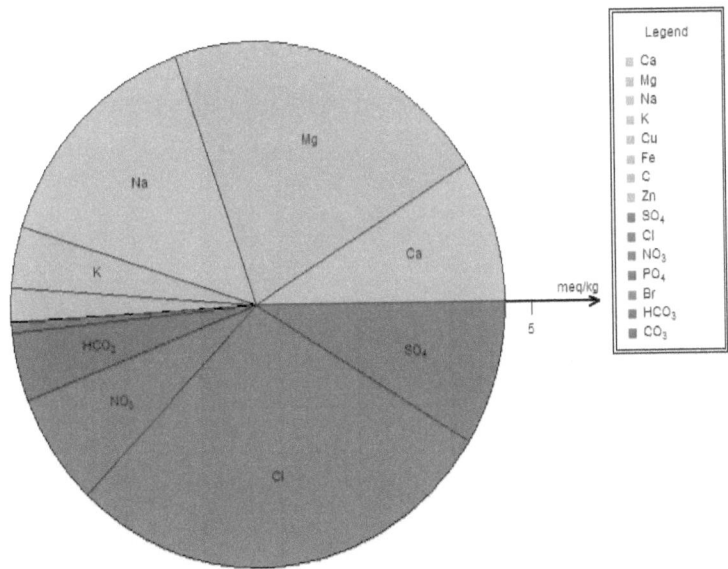

▼ Unit Conversion (Equivalents/Mass)

	neq/kg	µeq/kg	meq/kg	eq/kg
Ca	786×10^3	786	786×10^{-3}	786×10^{-6}
Mg	1.9×10^6	1.9×10^3	1.9	1.9×10^{-3}
Na	1.32×10^6	1.32×10^3	1.32	1.32×10^{-3}
K	340×10^3	340	340×10^{-3}	340×10^{-6}
HCO$_3$	391×10^3	391	391×10^{-3}	391×10^{-6}
SO$_4$	791×10^3	791	791×10^{-3}	791×10^{-6}
Cl	2.54×10^6	2.54×10^3	2.54	2.54×10^{-3}
Cl$_2$				
Cu	3.15×10^3	3.15	3.15×10^{-3}	3.15×10^{-6}
NO$_3$	620×10^3	620	620×10^{-3}	620×10^{-6}
Fe	358	358×10^{-3}	358×10^{-6}	358×10^{-9}
PO$_4$	46.8×10^3	46.8	46.8×10^{-3}	46.8×10^{-6}
Br	7.13×10^3	7.13	7.13×10^{-3}	7.13×10^{-6}
C	186×10^3	186	186×10^{-3}	186×10^{-6}
SiO$_2$				
Zn	1.22×10^3	1.22	1.22×10^{-3}	1.22×10^{-6}

Durov Diagram

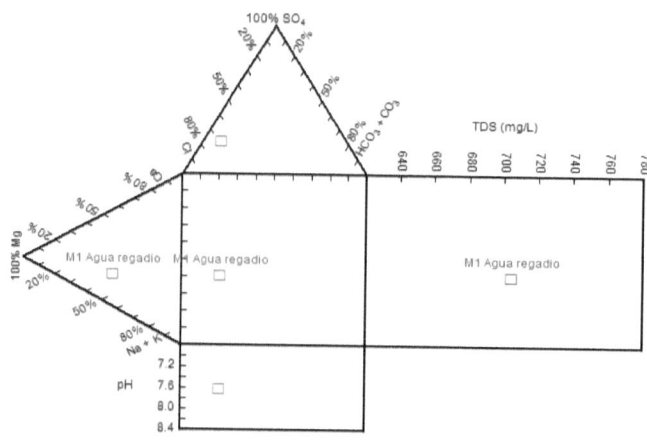

Stiff Diagram

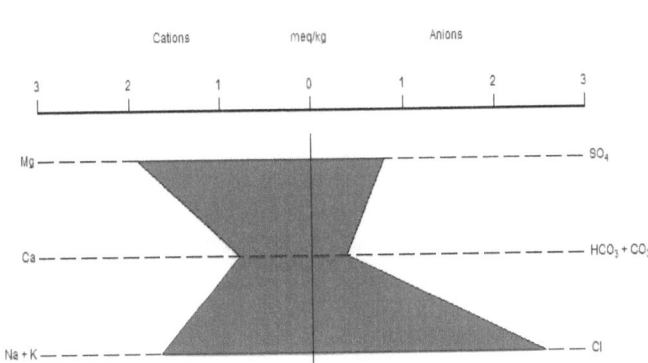

Radial Plot

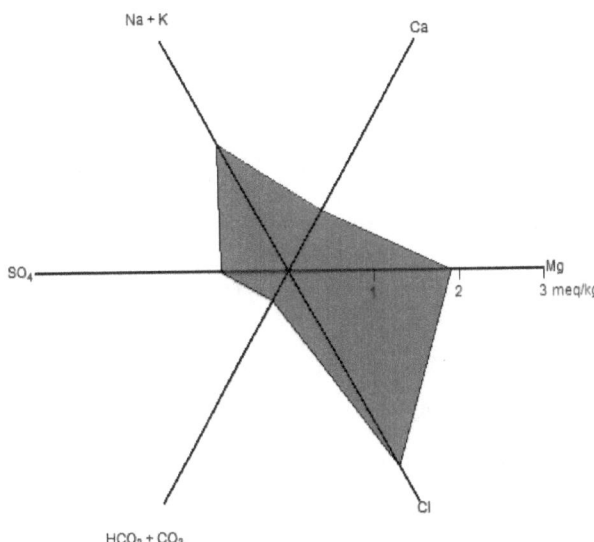

RESUMEN DE OBSERVACIONES Y RECOMENDACIONES

OBSERVACION INICIAL: En esta ocasión solo nos ocupamos: (1) del análisis de laboratorio de una muestra para conocer la calidad del agua que se utiliza para el riego del campo del golf, (2) su análisis iónico para verificar la idoneidad de los datos (3) las características de agresividad del líquido para saber si es incrustante, corrosiva o neutral y (4) del análisis de características químicas; complementado con algunas herramientas gráficas a usar en el futuro para predecir la interacción entre el riego y la fertilización, y representar la calidad del agua mediante gráficos de correlación, gráficos de resumen, gráficos trilineales, mapas temáticos, etc.

(1) Observaciones del análisis de laboratorio de la muestra

Casi todos los parámetros determinados en esta jornada cumplen con las normativas correspondientes; no obstante hay dos situaciones que ofrecen oportunidades de mejora:

La primera es la inexistencia de cloro en el líquido, favorece el crecimiento de microorganismos, que aunque en esta jornada no sobrepasan la norma de 1000 NMP/100 mL indicada por la Organización Mundial de la Salud (OMS), pero que en el futuro podrían recrecer y sobrepasarla, si se presentasen condiciones desfavorables de temperatura, contenido de nutrientes y existencia de áreas estancadas. Para evitar que ocurra este fenómeno adverso, se sugiere inyectar cloro en el sistema de bombeo, esto podría hacerse con un sistema simple, integrado por un recipiente para la solución clorada, tuberías de distribución, bomba peristáltica y los accesorios correspondientes.

La segunda es que el contenido de Nitratos en el agua es bastante considerable, esto no es desfavorable en sí mismo, al contrario es conveniente para colaborar con la fertilización del campo; pero debe de tenerse en cuenta al proceder con la fertilización química del pasto, para no sobre-fertilizarlo y provocar daños potenciales

(2) Observaciones de su análisis iónico

ASEGURAMIENTO DE LA CALIDAD DE LOS ANALISIS DEL AGUA

Para asegurar que los resultados de los análisis del agua tienen la validez o calidad debida, utilizamos cálculos basados en el análisis iónico de sus componentes principales.

Los cationes analizados fueron Calcio, Magnesio, Sodio y Potasio; y los aniones Bicarbonatos, Nitratos, Sulfatos y Cloruros. La calidad de los análisis se verifica si la diferencia (en mili-equivalentes por litro = meq/L) entre la sumatoria de aniones y la suma de cationes es un valor entre ±0.2, ±2 y ±5, dependiendo de que la suma de cationes sea <0.3, ≤10 o >10 respectivamente.

Es así como el análisis iónico nos permite verificar si los datos que resultaron de los análisis de laboratorio son confiables o no.

En caso de tener 2 o más muestras se pueden usar las filas 1 a 5 para introducir los datos

En el presente caso:

Considerando que la suma de aniones en la muestra es 4.36, y el porcentaje de diferencia entre aniones y cationes equivalente a -0.145 es aceptable; al ser dicho porcentaje inferior a las 2 unidades.

Confirmamos así la consistencia y calidad de los resultados analíticos realizados en el laboratorio.

En la muestra de agua de regadío, solo el parámetro Cloruro sale del círculo de los 2 meq/L, por lo que es este el único parámetro iónico que debe mantenerse en observación en el futuro, pues podría afectar la productividad del césped.

información@grupoghen.com

(3) Observaciones de sus características de agresividad

Observamos que el agua de regadío tiende a ser corrosiva (entre ligera y fuerte, conforme con los indicadores). Además, de acuerdo al índice de saturación de APHA, el agua es prácticamente neutra respecto a saturarse.

En consecuencia, se recomienda no usar tuberías de metal para conducir el líquido y evitar el uso de piezas metálicas al dispensarlo (o prever un stock de repuestos).

(4) Observaciones del análisis de sus características químicas

Del análisis de datos mediante AQqA obtuvimos entre otros, los siguientes hallazgos:

- La densidad del agua es ligeramente superior a la común para 30° C (0.99613 en vez de 0.99570 g/cm3) posiblemente debido a la presencia de sustancias disueltas más densas que el agua pura, que podrían ser estudiadas en el futuro.

- El equilibrio entre CO_3, CO_2 y HCO_3 produce una alcalinidad del carbonato total (de 18.7 mg/Kg). Además, la dureza carbonatada y no carbonatada se calcularon (39.155 y 95.422 mg/Kg respectivamente), es decir que la dureza total del agua es manejable (135.58mg/L menor que la máxima recomendable) y no requiere de ablandamiento, que sería un procedimiento engorroso

- El Índice de saturación según el método AQqA es -1.024 (es decir que el agua es infra-saturada) lo cual puede contribuir a evitar las incrustaciones en líneas de conducción de agua y boquillas de aspersión.

- Para usarse en irrigación hay 2 aspectos mejorables (nivel de salinidad y alto contenido de Mg). Ambas situaciones ameritan el estudio de una estrategia bien pensada para aprovechar algunas oportunidades potenciales de mejora en el futuro próximo.

- También obtuvimos una serie de gráficos que podríamos usar en el futuro, junto a otros muestreos y análisis posteriores del agua de irrigación; y que podrán servirnos para predecir la interacción entre el método, cantidad y fuentes de aguas usadas en las instalaciones para riego, versus el procedimiento, dosificación y materiales utilizados en la fertilización del campo.

Para finalizar incluyo algunos resúmenes de interés general

CHEQUEO VISUAL GENERAL DE SINTOMAS DE DEFICIENCIAS

Funciones de los nutrientes en las plantas y sus síntomas de deficiencia		
Nutriente	Función	Síntomas de deficiencia
Nitrógeno (N)	Estimula el crecimiento rápido; favorece la síntesis de clorofila, de aminoácidos y proteínas.	Crecimiento atrofiado; color amarillo en las hojas inferiores; tronco débil; color verde claro.
Fósforo (P)	Estimula el crecimiento de la raíz; favorece la formación de la semilla; participa en la fotosíntesis y respiración.	Color purpúreo en las hojas inferiores y tallos, manchas muertas en hojas y frutos.
Potasio (K)	Acentúa el vigor; aporta resistencia a las enfermedades, fuerza al tallo y calidad a la semilla.	Oscurecimiento del margen de los bordes de las hojas inferiores; tallos débiles.
Calcio (Ca)	Constituyente de las paredes celulares; colabora en la división celular.	Hojas terminales deformadas o muertas; color verde claro.
Magnesio (Mg)	Componente de la clorofila, de las enzimas y de las vitaminas; colabora en la incorporación de nutrientes.	Amarilleo entre los nervios de las hojas inferiores (clorosis).
Azufre (S)	Esencial para la formación de aminoácidos y vitaminas; aporta el color verde a las hojas.	Hojas superiores amarillas, crecimiento atrofiado.
Boro (B)	Importante en la floración, formación de frutos y división celular.	Yemas terminales muertas; hojas superiores quebradizas con plegamiento.
Cobre (Cu)	Componente de las enzimas; colabora en la síntesis de clorofila y en la respiración.	Yemas terminales y hojas muertas; color verdeazulado.
Cloro (Cl)	No está bien definido; colabora con el crecimiento de las raíces y de los brotes.	Marchitamiento; hojas cloróticas.
Hierro (Fe)	Catalizador en la formación de clorofila; componente de las enzimas.	Clorosis entre los nervios de las hojas superiores.
Manganeso (Mn)	Participa en la síntesis de clorofila.	Color verde oscuro en los nervios de las hojas; clorosis entre los nervios.
Molibdeno (Mo)	Colabora con la fijación de nitrógeno y con la síntesis de proteínas.	Similar al nitrógeno.
Zinc (Zn)	Esencial para la formación de auxina y almidón.	Clorosis entre los nervios de las hojas superiores.

OTRA INTERPRETACION DE SINTOMAS

Nutriente	Inicial	Intermedio	Avanzado	Ocurrencia	Condiciones Favorables
Nitrógeno	Retraso en el crecimiento foliar, cambio a un verde pálido en hojas viejas básales	Clorosis en el filo de las hojas con progresión hacia la base	Disminución de brotes, hojas viejas con tostado, disminución de la densidad foliar, necrosis	Alta	Suelos gruesos o arenosos, alta lixiviación por lluvias o riego.
Hierro	Amarillamiento de hojas jóvenes con activo crecimiento	Clorosis de hojas viejas	Las plantas se agudizan y los bordes de las hojas cambian a un color blanco.	Media-Alta	Suelos alcalinos, altos contenido de materia orgánica, exceso de thacht
Potasio	Hojas débiles con tendencia al vuelco	Mosaico amarillo – verde en hojas viejas	Extremo y márgenes marchitamiento de hojas con marchitamiento	Media – Baja	Suelos sueltos y arenosos, alta lixiviación por lluvias o riego
Azufre	Hojas viejas verde pálido	Áreas en el bordes con mosaicos verde amarillo	Marchitamiento en el extremo de las hojas con progresión hacia la base en ambos lados.	Media – Baja	Suelos sueltos arenosos con baja materia orgánica, alta lixiviación.
Fósforo	Hojas verde oscuro, plantas tienden a marchitarse y se reduce el crecimiento foliar	Bordes azul verde opaco, con manchas púrpuras a lo largo de ambos márgenes.	Rojo opaco desde las puntas hacia la base, necrosis y marchitamiento general.	Baja	Suelos ácidos o extremadamente alcalinos, bajas temperaturas.

Fuente: Bear J. B., 1973 / Ing. Agr. Dr. O. Cortamira
"Uso de Fertilizantes en Canchas de Golf"

NTERPRETACION DE ANALISIS

pH y Apreciación

pH (H₂O) 1:1	APRECIACIÓN
<4.5	EXTREMADAMENTE ÁCIDO
4.6 - 5.0	MUY FUERTEMENTE ÁCIDO
5.1 - 5.5	FUERTEMENTE ÁCIDO
5.6 - 6.0	MEDIANAMENTE ÁCIDO
6.1 - 6.5	LIGERAMENTE ÁCIDO
6.6 - 7.3	NEUTRO
7.4 - 7.8	LIGERAMENTE ALCALINO
7.9 - 8.4	MEDIANAMENTE ALCALINO
8.5 - 9.0	FUERTEMENTE ALCALINO
>9.0	EXTREMADAMENTE ALCALINO

P, K

APRECIACIÓN	P ppm (BRAY II)	K meq/100g
BAJO	<15	<0.2
MEDIO	15 - 40	0.2 - 0.4
ALTO	>40	>0.4

%M.O (CLIMA)

FRIO	MEDIO	CALIDO
<5	<3	<2
5 - 10	3 - 5	2 - 4
>10	>5	>4

RELACIONES

APRECIACIÓN	Ca/Mg	Mg/K	Ca/K	(Ca+Mg)/K
RELACIÓN IDEAL	2 - 4	3	6	10
K DEFICIENTE		>18	>30	>40
Mg DEFICIENTE	>10	<1		

ELEMENTOS MENORES* (ppm)

CONTENIDO	Zn	Cu	Mn	Fe
OPTIMO				
SUELO	3 - 6	1.5 - 3	15 - 30	20 - 30
PLANTA	30 - 100	5 - 25	30 - 200	60 - 500

*Extractables con DTPA en suelos; digestión húmeda en tejido vegetal.
Boro en suelos (extractable en agua caliente): 0.6 - 1.0 ppm.
Boro en tejido vegetal : 30-80 ppm.

%N.Total (CLIMA)

FRIO	MEDIO	CALIDO
<0.25	<0.15	<0.1
0.26 - 0.5	0.16 - 0.3	0.1 - 0.2
>0.5	>0.3	>0.2

CLASIFICACIÓN DE ACUERDO CON SALES Y SODIO

CLASE	ce mmohs/cm (dS/m)	PSI	SAI% (SATURACION DE ALUMINIO)
NORMAL	0 - 2		<15
LIMITE	2 - 4	INFERIOR A 15%	
S1	4 - 8		15 A 30
S2	8 - 16		
S3	>16		
Na	0 - 4		30 A 60
NaS1	4 - 8	SUPERIOR A 15%	
NaS2	8-16		
NaS3	>16		>60

CIC y Saturación de Bases

CIC meq/100g	SATURACIÓN DE BASES (SB) %	APRECIACIÓN
<10	<35	SIN PROBLEMAS EN GENERAL — LIMITANTE PARA CULTIVOS SUSCEPTIBLES
10 - 20	35 - 50	LIMITANTE PARA CULTIVOS MODERADAMENTE TOLERANTES — LIMITANTE PARA CULTIVOS TOLERANTES
>20	>50	LIMITANTE PARA CULTIVOS TOLERANTES — NIVELES TÓXICOS PARA LA MAYORÍA DE CULTIVOS

NC(Nivel Crítico): 25 ppm NO₃; 20 ppm NH₄; NC: 0.2 ppm B(Fosfato de Calcio); NC: 12 ppm P (Olsen modificado); NC: 20 ppm S disponible (Fosfato de calcio):

CONCENTRACION NORMAL EN TEJIDO VEGETAL (Handbook of Reference Methods for Plant Analysis, 1998):
N (%): 2.5-4.5; P (%): 0.2-0.75; K (%): 1.5-5.5; Ca (%): 1.0-4.0; Mg (%): 0.25-1.0; S (%): 0.25-1.0
B (ppm): 10-200; Cu (ppm): 5-30; Fe (ppm): 100-500; Mn (ppm): 20-300;Zn (ppm): 27-100; Mo(ppm): 0.1-0.2; Cl (ppm): 100-500

INSTITUTO GEOGRÁFICO AGUSTÍN CODAZZI
LABORATORIO DE SUELOS
AREA DE QUÍMICA

BIBLIOGRAFIA CONSULTADA.

Materia Orgánica del Suelo: Su Naturaleza, Propiedades y Métodos de Investigación. M. M. Kononova-Mezhdunarodnaia Kniga-MOSCÚ-1982.

Salt Toerance of Plants (Abstract)-Springer / Verlag- New York, Inc.-Applied Agricultural Research-USA 1986.

Relación Entre Suelo-Agua-Planta (Manual de Ingeniería de Suelos, Tomo 1)-Servicio de Conservación de Suelos del Departamento de Agricultura de los Estados Unidos de América-Editorial DIANA-1972.

Fertilidad de los Suelos y Fertilizantes-TISDALE Samuel & NELSON Werner-UTEHA-MEXICO-1991.

Estiercol y Compost-Mamchencov-Seljosguis-1955.

Experimental Desing, 2ª Edición-COCHRAN, W. G. y G. M. COX-New York, Wiley-1957.
Procesos de Formación de Humus en los Suelos Primitivos-Trudy Pochv-AN URSS-1953 Tomo 1.

Soil and Irrigation Water Interpretation Manual-HACH COMPANY-USA. 1993.

Uso y Manejo del Suelo-Hugo A. Velazco Molina-Editorial Limusa S. A. de C.V.-Mexico, D. F.-1991.

Handbook on Reference Methods for Soil Testing- The Council on Soil Testing-University of Georgia, Athens, Georgia 30602. USA 1980.

La Utilización de los Recursos del Suelo para el Desarrollo de América Latina-Gerald W. Olson-Universidad de Cornell-USA (Traducción del Centro Interamericano de Desarrollo Integral de Aguas y Tierras-CIDIAT-Venezuela)-1980.

A God Within: A positive Philosophy for a More Complete Fulfilment of Human Potential-R. DUBOS-New York-1972.

Transformaciones del Nitrogeno en el Suelo y su Asimilación por las Plantas-DINCHEV, D.-Instituto Cubano del Libro-La Habana-1972.

Diagnosis and Improvement of Saline and Alkali Soils-Compiled by the United States Salinity Laboratory Staff- United State Departament of Agriculture-USA 1954.

Manuales para Educación Agropecuaria (Fruticultura-Area: Producción Vegetal 21)-Editorial TRILLAS S. A. de C. V.-7ª reimpresión-1987.

Tratado de Botánica-Strasburger, E.-Barcelona:Manuel Marín-1953.

Naturaleza y Propiedades de los Suelos: Texto de Edafología para Enseñanza-Harry O. Buckman y Nyle C. Brady-5ª reimpresión-Editorial LIMUSA S. A.-México-1993.

Producción de Agrios-Amorós Castañer, M. –Madrid: Mundi-Prensa-1995.

Revista Cubana de Ciencia Agrícola, Tomo 22-2 (Tema de Cuesta, A. y Crespo, G.; páginas 195 y siguientes)-Tulipán No. 1011, Nuevo Vedado, Ciudad de La Habana-Julio 1988.

Biblioteca de la Agricultura-IdeaBooks S. A.-Barcelona, España-1997

Suelos y Agua, Serie "Proyecto AGORA"- Hernán Rojas Palacios-CEDAF/Fundación Kellogg-Rep. Dom. - Noviembre 2000.

NPK-1 Soil Kit Manual-HACH Company, World Headquarters-Loveland, Co. USA 1992.

CAPACITACION AMBIENTAL INTERACTIVA

Evaluación del Tema

FERTILIZACION RACIONAL DE LOS SUELOS

NOMBRE DEL PARTICIPANTE: ___

1ª Parte: Favor de escoger entre las respuestas, la que sea correcta en cada caso.

1) Conservar la calidad y cantidad de esos recursos naturales potencialmente renovables…

a) … es hacer uso apropiado de grandes volúmenes de aire, agua y suelos.

b) … es preservar nuestra propia vida y la de nuestros descendientes.

c) … es recordar nuestra historia para no repetirla.

2) La nutrición de las plantas se realiza a expensas…

a) … de los recursos alimenticios que posee el suelo que las sostiene y de los que puedan aportarse de fuentes externas a éste.

b) del tipo de plantas cosechadas, del rendimiento esperado y del análisis de los elementos que están presentes en el suelo y el agua de irrigación antes de la fertilización.

c) … del espesor de la capa vegetal puede ser desde unos pocos centímetros hasta pocos metros, la profundidad del regolito inferior varía entre centímetros hasta centenares de metros.

3) Entre los micronutrientes que necesitan las plantas se encuentran los siguientes...
a) Nitrógeno, Fosforo y Potasio.
b) Potasio, Cobre, Cinc y Molibdeno.
c) Boro, Magnesio y Calcio.

4) Muchos problemas del ambiente no están sólo confinados solo al aire, al agua o al suelo sino que involucran más de un elemento a la vez. Un ejemplo es...
a) ... la construcción de viviendas para protegernos de los extremos del clima; y la construcción de medios de transporte más rápidos y seguros.
b) ... la lluvia ácida, originada por la emisión de gases como el dióxido de azufre (SO2) y óxido de nitrógeno (NO) a la atmósfera producto de actividades industriales y los automóviles.
c) ... el rápido avance en tecnología de tratamiento de agua para la bebida y el tratamiento parcial de las aguas residuales que se producen.

2ª Parte:

Favor de responder las siguientes preguntas.

a) ¿Desde qué tiempos se ha utilizado la materia orgánica para mejorar la calidad de los suelos?
b) ¿Qué ventajas tiene el proceso fermentación anaeróbica de las materias orgánicas respecto al procedimiento aeróbico, para obtener compost?
c) ¿En qué consiste el "método Indore" para la producción de abono orgánico?
d) ¿Cuál es la clave para establecer un programa de riego eficaz?
e) ¿Cuáles son los 4 fundamentos a tomar en cuanta en todo método de digestión bacteriana, para que sea lo más rápido, completo y sanitario posible?

Favor de escoger la respuesta correcta, en cada caso.

5) Los abonos orgánicos o Composting (compost) son constituidos por…
a) … Nitrógeno y Potasio.
b) … Humus, tierra y fertilizantes producidos químicamente.
c) … Materia orgánica y la acción de microorganismos, lombrices y otros.

6) Unos de los factores más importantes en el proceso de digestión, para mantener el metabolismo bacteriano es …
a) … la presencia de urea en la mezcla.
b) … la humedad.
c) … el control de las moscas.

7) El momento de aplicación de fertilizantes …
a. … no influye en la fertilidad de las plantas.
b. … tiene un efecto significativo en los rendimientos de los cultivos.
c. … depende de la calidad del agua de riego.

8) Puede decirse del sulfato de amonio $(NH_4)_2SO_4$ que …
a. … es especialmente valioso donde se requieren los nutrientes, N y S.
b. … las respuestas a) y c) son correctas
c. … está hecho a partir de una reacción de ácido sulfúrico y amoníaco caliente.

9) Las aplicaciones fraccionadas de fertilizantes…
a) … evitan daños por exceso de sal al cultivo y mejora la tasa de germinación.
b) … en los suelos con alta CIC requieren mayor frecuencia de aplicaciones.
c) … las dos respuestas anteriores son correctas.

3ª Parte:

Señalar si cada una de las siguientes afirmaciones es verdadera o falsa (V o F).

a) La savia bruta y la savia elaborada de las plantas a veces se mezclan( )

b) Las plantas, además del suelo y el aire, se alimentan de otros seres vivos ( )

c) La mezcla de agua y sales minerales forma la savia bruta ( )

d) La fotosíntesis se realiza en las hojas y partes verdes de la planta ( )

e) Las plantas solo respiran en el día y no en la noche ( )

f) La absorción de nutrientes en las plantas, solo se realiza por las raíces ( )

g) Después de N y K, le sigue en porcentaje el requerimiento de Fósforo ( )

h) Luego de la caída del Imperio Romano floreció la ciencia de los suelos ( )

i) Transcurridas 48 horas más de 50% de cinc aplicado vía foliar es asimilado ( )

j) El límite máximo de Aluminio en agua de riego es 5 mg/L ( )

Desarrollar brevemente los siguientes conceptos
Puede usar otras fuentes además del texto.

(a) 5 Etapas de alimentación de las plantas.
(b) Recomendaciones para mejorar la estructura de los suelos.
(c) Proceso de fotosíntesis.
(d) Problemas que puede causar una fertilización excesiva.
(e) Fertilización y riego racional de suelos.
(f) Savia elaborada.
(g) Metodología para la extracción del boro del suelo
(h) Absorción foliar.
(i) Evapotranspiración.
(j) Procedimiento de preparación de suelos antes de su análisis

4ª Parte:

Resaltar o subrayar las frases que sean verdaderas (solo las verdaderas)

a) En la textura del suelo la suma de arena, limo y arcilla está entre 80 y 95 %
b) En hidroponía el **sustrato**, es el material que reemplazará a la tierra.
c) Una de las ventajas de la fertirrigación es el uso eficiente de los fertilizantes
d) En fertirrigación, los fertilizantes son suministrados a través del agua de riego.

Contestar las siguientes preguntas:
Puede auxiliarse de otras fuentes si lo considera necesario

a) ¿Entre otras, qué dos desventajas presenta la fertirrigación?
b) ¿En qué consiste la Fertirrigación Cuantitativa?
c) ¿Cuáles son los nutrientes adecuados para la hidroponía? (por lo menos mencionar 6 nutrientes – o más)
d) ¿Cuál es la textura de un suelo si tiene 19 % de Arcilla, 61 % de Arena y un 20 % de Limo?

Formular la fertilización necesaria de N, P, K en un suelo con las siguientes condiciones (usar el software en Excel incluido en este modulo).

Dueño: Sr. Subero

Cultivo: Jardineria

Lugar: Pedro Brand

pH: 7.8

Conductividad: 1.7 dS/m (**TDS** = Conductividad x 470 aprox.)

Porcentaje de arena: 35 %

Porcentaje de Limo: 45 %

Muestra 1: N (0.007 %), P (12 ppm), K (225 ppm)* recuerde convertir N a ppm **(1% = 10000 ppm)**

Muestra 2: N (0.010 %), P (15 ppm), K (198 ppm)

Profundidad del muestreo: 20 cm

Requerimientos: de N 226, de P 41 y de K 195 Kg/Ha

Luego de tener los resultados, contestar:

¿Qué cantidades de N, P y K habrá que agregar al suelo? (en libras/tarea)

¿Se deberá corregir el pH en este caso? si la respuesta es si… ¿Cómo?

¿Qué formula fertilizante usted propondría en este caso?

Enviar la evaluación y si obtiene una calificación ≥ 75%, recibirá un certificado de aprobación del curso "Gestión de Fertilización Racional de los Suelos". En caso de no obtener la referida calificación, tendrá una segunda oportunidad para lograrlo.

informacion@grupoghen.com / https://www.grupoghen.com

PRINCIPALES EQUIPOS USADOS EN NUESTRO LABORATORIO

1) **Espectrofotómetro DR 4000 U:**
Este es el espectrofotómetro más moderno de la compañía HACH Co. Con éste pueden analizarse más de 120 parámetros en una muestra de agua, 84 de los cuales vienen pre-programados y certificados de fabrica y los demás pueden ser programados por el usuario siguiendo metodologías indicadas por el fabricante. Nuestro equipo puede hacer mediciones en el rango de luz visible y ultravioleta.

2) **Medidor SensION2 para electrodos Ión-Selectivos (ISE METER):** Este equipo nos sirve para realizar mediciones avanzadas de pH, Oxidación-Reducción Potencial, concentración de Fluoruros, Cianuro, Plata, Plomo, Níquel y otros metales pesados. Permite la conexión de múltiples electrodos y ofrece lecturas de los parámetros con compensación automática de temperatura, la cual es desplegada junto a la medición en cuestión.

3) **Reactor DQO digitalizado, Modelo DRB 200:** Este es el reactor DQO más moderno fabricado por la prestigiosa empresa alemana HACH Co. Para la determinación de la Demanda Química de Oxígeno empleamos el METODO 8000 de digestión en reactor DQO DRB 200 para múltiples muestras (Aprobado por la EPA). Cada frasco previamente preparado contiene, para la minimización de las interferencias por cloruros, una cantidad especificada de Sulfato de Mercurio ($HgSO_4$)

que minimiza o "resta" la DQO por Cloruros hasta un nivel promedio de 1000 mg/L de Cloruros en muestras sin diluir, y un múltiplo de 1000 mg/L, en muestras diluidas.

Además, cada tubo viene con el reactivo (Dicromato de Potasio) pre-medido para la obtención de resultados rápidos. El reactor está programado desde la fábrica, para ejecutar la digestión necesaria en las pruebas especializadas tales como TOC, DQO, metales pesados, trihalometanos; y otros parámetros de gran importancia hidro-ecológica.

4) Otros: Para completar la caracterización de aguas y aguas residuales, se utilizan procedimientos de análisis estandarizados, y técnicas analíticas propuestas o aprobadas por la USEPA o por el Standard Methods for the Examination of Water and Wastewater (versión 21ª del 2005; editada por WEF-AWWA-APHA, ISBN 0-87553-047-8), usando equipos de marca HACH y SARTORIUS, que incluyen, entre otros, electrodos, colorímetros, titulaciones, reactores, test de cubeta, discos cromáticos; y diversos kits microbiológicos y de análisis químicos individuales, como los mostrados aquí, a título de ejemplo.

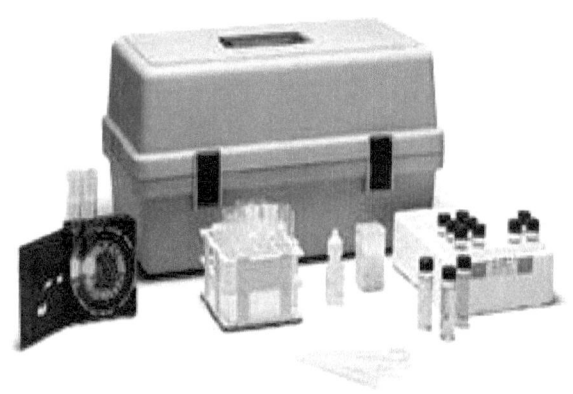

JNFaña-Environmental / RESUMEN DE NUESTRAS LABORES

Nuestro Objetivo: satisfacer las necesidades de empresas e instituciones, así como de prestadores de servicios ambientales particulares o empresariales; para integrar el aspecto ambiental en sus actuaciones y proyectos o para colaborar en el ejercicio profesional de otros prestadores de servicios ambientales.

CAMPOS BASICOS EN LOS QUE TRABAJAMOS

Ambiente Laboral:
Radiaciones Ionizantes y no ionizantes; y exposición a Gas Radón,
Calidad del Aire Interior, Cuartos Limpios, (salud laboral),
Iluminación Óptima en Áreas de Trabajo,
Confort en el Trabajo (Ergonometría),
Monitoreo de Ruidos Ocupacionales.

Medio Físico:
Estudios Edafológicos y fertilización racional, Contaminación por Hidrocarburos, etc.
Emisiones de Gases (emisiones en generación eléctrica y calderas),
Calidad del Aire Ambiental (inmisión de gases y partículas),
Calidad del Agua y Caracterización de Aguas Residuales,
Ruido Ambiental y Mapas Acústicos.

Ingeniería Sanitaria y Saneamiento:
Diseño y Construcción de Plantas de Tratamiento de Aguas y Aguas Residuales Industriales,
Determinación de la Eficiencia en Plantas de Tratamiento de Aguas y Aguas Residuales.
Cálculo de Índice de Calidad del Agua e Índice de Contaminación en Aguas Residuales,
Protocolo de Disposición y Monitoreo de los Desechos Sólidos.

Sistema de Verificación Vehicular:
Verificación y Certificación de Componentes y Accesorios Físicos Vehiculares: (Retrovisores, luces direccionales, 5ª rueda, frenos, botiquín, triángulo, etc.),
Gases en Vehículos de Combustión Interna (CO, CO_2, O_2, HC, NOx), y Opacidad en Vehículos de Gasoil.

Cumplimiento Ambiental:

Programas de Monitoreo para ICAs (monitoreo para informe de cumplimiento ambiental).

Estudios de Impacto Ambiental (Evaluación y Declaración de Impacto Ambiental).

Diseño de Formatos y Estados de Cumplimiento (formularios de cumplimiento ambiental).

Elaboración de Informes de Cumplimiento Ambiental (ICAs).

- Juan Nicolás Faña B. (CODIA # 3231 / PSA # 00-002)

*JNFaña-Environmental es un grupo de profesionales integrado por más de 20 consultores dominicanos y más de 100 técnicos medios y altos pertenecientes al Grupo Hidro-ecológico Nacional, Inc.(GHeN)

informacion@grupoghen.com / https://www.grupoghen.com

Datos del autor:

Juan Nicolás Faña Batista

Nació en Santiago de los Caballeros, el 10 de Septiembre del 1949, donde inicia su admiración y cuidados por la naturaleza, militando en el Movimiento Scout Dominicano, desde los 12 hasta los 21 años.

Comienza su labor educativa de más de 2 décadas como Profesor en la Escuela Primaria J. Ma. Imbert y en el Liceo P. Ma. Espaillat, del Municipio de Navarrete, en el año 1967; acción que luego ejerce en el Colegio Arroyo Hondo, en Compusistemas-Domínico Americano, en la Universidad Eugenio María de Hostos, hasta el año 1990, en la Universidad Experimental Félix Adam (UNEFA), hasta el 2014 finalizando con el Diplomado en Análisis Ambiental Instrumental (ofrecido para profesionales en una alianza docente del GHeN y UNEFA; con la colaboración y en los salones del Ministerio de Medio Ambiente y Recursos Naturales).

Además, desde 1995 hasta el 2020 se desempeña como consultor ambiental de múltiples empresas nacionales e internacionales, desde el 2000 hasta la fecha, como prestador de servicios ambientales registrado en el Ministerio de Medio Ambiente y Recursos Naturales de la República Dominicana.

El autor es Ingeniero Civil (CODIA # 3231), post-graduado, participante en decenas de cursos, especialidades, seminarios y eventos relacionados con el Medio Ambiente. Entre otros: HACCP, Manejo de Aguas Residuales, Acueductos, Alcantarillados, Evaluación de la Contaminación, Diseño y Construcción de Presas de Tierra, Métodos HACH de Análisis Físico-Químico, Valoración de Recursos Naturales e Impactos Ambientales, Diseño, Construcción y Cierre de Vertederos, Tratamiento de RILES, Clean Production, Análisis Químico - Bacteriológico del Agua, Curso Superior en Nutrición y Fisiología Vegetal, Máster en Educación Ambiental...entre otros.

www.ingramcontent.com/pod-product-compliance
Lightning Source LLC
Chambersburg PA
CBHW020542220526
45463CB00006B/2166